# 建筑材料的发展与应用研究

杜慧慧 著

东北林业大学出版社
Northeast Forestry University Press
·哈尔滨·

**版权专有　侵权必究**

**举报电话:**0451-82113295

**图书在版编目（CIP）数据**

建筑材料的发展与应用研究 / 杜慧慧著. —哈尔滨：
东北林业大学出版社，2023.5

ISBN 978-7-5674-3149-2

Ⅰ.①建… Ⅱ.①杜… Ⅲ.①建筑材料－研究
Ⅳ.①TU5

中国国家版本馆CIP数据核字（2023）第082979号

责任编辑：国　徽
封面设计：鲁　伟
出版发行：东北林业大学出版社
　　　　　（哈尔滨市香坊区哈平六道街 6 号 邮编：150040）
印　　装：廊坊市广阳区九洲印刷厂
开　　本：787 mm × 1092 mm　1/16
印　　张：16.25
字　　数：207千字
版　　次：2023年 5 月第 1 版
印　　次：2023年 5 月第 1 次印刷
书　　号：ISBN 978-7-5674-3149-2
定　　价：60.00元

如发现印装质量问题，请与出版社联系调换。（电话：0451-82113296　82191620）

# 前　言

　　建筑材料是指在建筑工程中使用的各种材料的总称，是建筑工程的物质基础。改革开放以来，由于我国基础经济建设的需求，建筑材料在工程建设中的重要作用日益凸显。特别是我国正经历着大规模的交通设施建设，道路建筑材料种类大幅度增加，性能明显提高，各类新技术、新工艺更是层出不穷。

　　建筑材料的正确选择与运用是做好建筑设计的前提，材料贯穿整个建筑。如果说建筑是有生命的，那么建筑材料就是这个生命体的血液。材料的发展经历了一个由简单到复杂、由通用到特殊、由单一性能到综合性能的长期发展历程，虽然选择性大幅度提高，但是传统的建筑材料也没有被抛弃，而是被建筑师的合理运用与选择重新赋予了新的生命。材料是一个永远值得研究的范畴，因为人们总是在寻找新的材料与改造旧的材料。

　　本书重点介绍了建筑材料的定义及分类，对建筑材料的性能及其在建筑工程中的应用进行了细致讲解。在撰写本书的过程中，作者参阅了大量文献资料，谨向这些文献的作者致以诚挚的谢意。由于时间仓促，作者水平有限，书中难免存在不足之处，恳请读者及同行专家给予指正。

作　者

2023 年 5 月

# 目　　录

# 第一章　建筑材料概述

## 第一节　建筑材料及其分类

建筑材料是指在建筑工程中所使用的各种材料的总称，由于各种材料的组分、功能、结构和构造不同，建筑材料种类繁多，性能各异，用量巨大。因此，正确选择和合理使用建筑材料，对建筑的安全、实用、美观、耐久性能及造价有着重大的意义。

### 一、建筑材料的定义

#### （一）广义定义

广义的建筑材料是指建造建筑物和构筑物的所有材料，包括使用的各种原材料、半成品、成品等的总称，如黏土、铁矿石、石灰石、生石膏等。

#### （二）狭义定义

狭义的建筑材料是指直接构成建筑物和构筑物实体的材料，如混凝土、水泥、石灰、钢筋、黏土砖、玻璃等。

#### （三）基本要求

作为建筑材料必须同时满足两个基本要求：

（1）满足建筑物和构筑物本身的技术性能要求，保证其能正常使用。

（2）在建筑材料使用过程中，能抵御周围环境的影响和有害介质的侵蚀，保证建筑物和构筑物的合理使用寿命，同时不对周围环境产生危害。

## 二、建筑材料的分类

### （一）按化学成分分类

根据材料的化学成分，建筑材料可分为有机材料、无机材料及复合材料三大类，如表 1-1 所示。

表 1-1　建筑材料分类（按化学成分）

| | | | |
|---|---|---|---|
| 无机材料 | 金属材料 | 黑色金属 | 钢、铁及其合金、合金钢、不锈钢等 |
| | | 有色金属 | 铝、铜、铝合金等 |
| | 非金属材料 | 天然石材 | 砂、石及石材制品 |
| | | 烧土制品 | 黏土砖瓦、陶瓷制品等 |
| | | 胶凝材料及制品 | 石灰、石膏及制品、水泥及混凝土制品等 |
| | | 玻璃 | 普通平板玻璃、特种玻璃 |
| | | 无机纤维材料 | 玻璃纤维、矿物棉等 |
| 有机材料 | 植物材料 | | 木材、竹材、植物纤维及制品等 |
| | 沥青材料 | | 煤沥青、石油沥青及其制品等 |
| | 合成高分子材料 | | 塑料、涂料、胶黏剂、合成橡胶等 |
| 复合材料 | 有机与无机非金属材料复合 | | 聚合物混凝土、玻璃纤维增强塑料、玻璃钢制品等 |
| | 金属与无机非金属材料复合 | | 钢筋混凝土、钢纤维混凝土等 |
| | 其他复合材料 | | 水泥石棉制品、人造大理石等 |

### （二）按使用功能分类

根据建筑材料在建筑物中的部位和使用性能，其大体上可分为三类。

（1）建筑结构材料。建筑结构材料是构成建筑物基础、柱、梁、框架、屋架、板等承重部位的基本材料，如砖、石材、钢材、混凝土等。

（2）墙体材料。墙体材料是组成建筑物内、外承重墙体及内分隔墙体的材料，如各种砖、板材、石材、砌块等。

（3）建筑功能材料。建筑功能材料是指那些不作为承重荷载，具有某种特殊功能的材料，如保温隔热材料、吸声材料、采光材料、防水材料、装饰材料等。

## 三、建筑材料在建筑工程中的作用

（1）建筑材料是建筑工程的物质基础。无论是高达 420.5 m 的上海金贸大厦，还是普通的住宅楼等民用建筑，都是由各种散体建筑材料经过合理的设计和复杂的施工最终构建而成的。建筑材料的物质性体现在其使用的巨量性，一幢单体建筑一般质量达几百吨至数千吨，甚至可达几万吨、几十万吨，这形成了建筑材料的生产、运输、使用等方面与其他门类材料的不同。

（2）建筑材料的发展赋予建筑物以时代的特性和风格。西方古典建筑的石材廊柱、中国古代以木架构为代表的宫廷建筑、当代以钢筋混凝土和型钢为主体材料的超高层建筑，都呈现出鲜明的时代性和不同的风格。

（3）建筑材料推动建筑设计理论的进步和施工技术的革新。建筑设计理论不断进步和施工技术的革新不但受到建筑材料发展的制约，而且受到其发展的推动。大跨度预应力结构、薄壳结构、悬索结构、空间网架结构、节能环保型建筑的出现都是与新材料的产生密切相关的。

（4）建筑材料正确、节约、合理的运用直接影响建筑工程造价和项目投资。在我国，一般建筑工程的材料费用要占总投资的 50%~60%，特殊工程中这一比例会更高。对于我国这样一个发展中国家，对建筑材料特性的深入了解和认识，最大限度地发挥其效能，进而达到最大的经济效益，无疑具有非常重要的意义。

# 第二节　建筑材料所要求的性能

对建筑材料性能的要求，根据使用材料的种类、目的及场所等方面而有所不同。这里根据建筑材料所要求的性能将其分成七项。

## 一、力学性能

力学性能包括强度、变形、弹性模量、徐变、韧性与疲劳强度。

## 二、物理性能

物理性能包括密度、硬度、滑移、收缩以及热、音、光及水分的透过与反射等。

## 三、耐久性

耐久性包括氧化、变质、劣化、风化、冻害、虫害及腐朽等。

## 四、化学性能

化学性能包括对酸、碱及药品的变质、腐蚀及溶解等方面的性能。

## 五、防火、耐火性能

防火、耐火性能包括燃烧性、引火性、熔融性、发烟性及有毒气体等方面性能。

## 六、感觉性能

感觉性能包括色彩、明度、视觉的感觉、感触及污染性等。

## 七、生产性能

生产性能包括资源、生产的可能性、公害、加工性、施工性，运输与再利用等方面性能。建筑材料所要求的性能不是一成不变的，随着施工方法的变革，各个时代的材料种类与质量也发生变化。此外，建筑物的大量建造及施工机械化，也是要求材料具有合适性能的一个方面。

# 第三节　建筑材料与人居环境、
# 可持续发展的关系

## 一、建筑材料与人居环境

人类的生存环境称为人居环境，含义为"人类生存、从事生产、进行各种社会活动所在的环境"。人居环境是一个可以被无限分割的空间连续统一体。从适合个人家庭活动的房间和住宅，到为人类各种组织的活动而营造的各式各样的建筑和聚落，再到可供人类开发利用的整个地球表面空间，都可以视为人居环境。

建筑材料与人居环境关系密切。人类消耗自然界的部分资源和能源生产出建筑材料，通过设计、使用建筑材料进行施工，得到所需的建筑物或构筑物，服务于人类的生活、生产或社会公共活动。这些人工建造的建筑物、构筑物，以及从材料制造到使用过程中所产生的有害物质与被人类干预和改造过的自然环境一起，构成了人类生存的总体环境。

科学技术的日益发展，致使近100年来人类所创造的文明相当于长期历史的总和，然而对自然资源和能源的消费速度也空前加快。建筑材料的生产与使用是造成一系列环境问题与公害的原因之一。

例如，钢铁的原料铁矿石、水泥的原料石灰石和黏土类材料、混凝土的砂石骨料都要由开山采矿和挖掘河床获得，不仅消耗大量资源，还严重破坏了自然景观和自然生态。木材的利用减少了森林面积，加剧了土地的沙漠化。我国现有荒漠化土地面积超过 250 万 km²，每年仍有超过 2 000 km² 的土地沦为沙漠。

同时，材料的生产制造消耗大量的能源，并产生废气、废渣和粉尘，对环境造成污染。建筑材料在运输和使用过程中，也将消耗能量，并对环境造成污染和破坏。在建筑施工时，阻碍交通；混凝土的振捣棒及施工机械的运转产生噪声、粉尘，对周围环境形成各种不良影响。

严峻的现实和亟待解决的问题，促使人居环境与可持续发展的思想及概念逐渐产生、发展和确立。这标志着在对待人类与自然的关系、人类的生存与发展的关系上，人们的思想观念发生了根本变革，从与大自然对立的立场转变为争取与自然协调共生。

## 二、建筑材料的可持续发展

可持续发展的定义就是人类在不超越资源与环境承载能力的条件下，促进经济发展、保持资源永续和提高生活质量。

近几十年来，我国的建材工业技术水平虽有一定程度的提高，但始终未能走出"三高"（高消耗、高能耗、高污染）的粗放型模式。如果继续沿用传统的生产方式，资源将难以为继，地球将不堪重负，我们居住的环境也将面临更大的威胁。

我们必须在基础设施建设和环境保护这两个同等重要的社会需求之间，找出解决矛盾的方法。作为发展基础设施最重要的参与者以及地球天然资源的主要消费者，建材工业需要重新定向，开发有利于环境的工艺技术。21世纪的建筑材料不仅要满足土建工程的要求，还要尽量减少给地球环境带来的负荷和不良影响，能够与自然协调，与环境共生。这是实现土建工程可持续发展的重要一环。

# 第四节  建筑材料的历史、现状和未来

## 一、建筑材料的发展历史

建筑材料的发展经历了从无到有、从天然材料到人工材料、从手工业生产到工业化生产等几个阶段。

早在远古时代，人类为了自身安全和生存的需要，就已经学会利用树枝、石块等天然材料搭建屋棚、石屋，为了精神寄托的需要建造了石环、石台等原始宗教及纪念性建筑物。公元前5000年左右到17世纪中叶被称为古代土木工程阶段。在此阶段早期，人类只会使用斧、锤、刀、铲和石夯等简单的手工工具，而石块、草筏、藤条、木杆、土坯等建造材料主要取自大自然。直到公元前1000年左右，人类学会了烧制砖、瓦、陶瓷等制品，中国出现了秦砖汉瓦，汉初出现陶制下水管道；到了公元之初，罗马人才学会使用混凝土的雏形材料。尽管在这一时期，中国出现了总结建造经验的《考工记》和《营造法式》等土木工程著作，意大利也出现了描述外形设计的《论建筑》等，但当时的整个建造过程全无设计和施工理论指导，一切全凭经验积累。

尽管古代土木工程十分原始和初级，但无论是国内还是国外，在7 000余年的发展过程中，人类还是建造了大量的绝世土木佳作。

在公元前4000年以前，随着原始社会的基本瓦解，出现了最早的奴隶制国家，其中古埃及、古希腊和古罗马的建筑，对世界建筑文明的发

展影响最为深远。建于公元前 2600 年左右的埃及胡夫金字塔和狮身人面像，不仅是目前唯一未倾塌消泯的世界七大奇迹之一，而且也是当今世界上朝向最精确的建筑；建于公元前 580 年的希腊雅典卫城帕特农神庙被称为雅典的王冠，是欧洲古典建筑的典范；战国时期，我国使用糯米汁、夯土、石灰夯筑城墙和长城，公元前 200 年，已开始出现了由火山灰、石灰、碎石组成的天然混凝土，并用它浇筑混凝土拱圈，创造了穹隆顶和十字拱；建于公元 72~82 年的意大利古罗马竞技场（科洛西姆斗兽场）拥有 5 万～8 万个观众座席和站席，并使用了雏形混凝土；建于公元 5 世纪的墨西哥奇琴伊察城市古玛雅帝国的中心城，其库库尔坎金字塔既是神庙，又是天文台；建于公元 532~537 年的土耳其伊斯坦布尔圣·索菲亚大教堂，用砖切圆形穹顶营造了直径约 50 m、穹顶距地面高约 30 m 的大空间。从这些古建筑可以看出当时的工程基本都是由砖瓦砂石堆砌或者直接开凿而成的。

我国古代，蔚为奇观的土木建筑工程杰作更是不胜枚举，但多为木结构加砖石砌筑而成。譬如，至今保存完好的中国古代伟大的砖石结构——万里长城，东起山海关，西至嘉峪关，翻山越岭，蜿蜒逶迤 2 万多千米；四川都江堰工程（都江堰市城西）建于公元前 256 年左右，其创意科学，设计巧妙，举世无双，至今仍造福四川，使成都平原成为沃土千里的天府之乡；秦始皇陵兵马俑不仅阵容规模庞大，而且 7 000 多件军俑、车马阵排列有序、军容威严，被誉为世界闻名的第八大奇迹；建于明永乐十八年（1420 年）的北京故宫太和殿，红楼黄瓦，金碧辉煌；隋朝河北赵县洨河安济桥（又称赵州桥），是世界上第一座敞肩式单圆弧弓形石拱桥；建于 1056 年的山西应县佛官寺释迦塔（又称应县木塔），千余年来已经历多次大地震仍完好耸立着。

工业革命的兴起，在促进工商业和交通运输业蓬勃发展的同时，也促进了建筑业的蓬勃发展。1824年波特兰水泥的发明、1856年转炉炼钢法的发明和钢筋混凝土的发明与应用（1867年）使建筑钢材得以大量生产，复杂的房屋结构、桥梁设施建设得以实现。

在这期间，西方迅速崛起，涌现了很多具有历史意义的近代土木工程杰作。例如，1872年在美国纽约建成了世界第一座钢筋混凝土结构房屋；1883年在美国芝加哥建造的11层保险公司大楼，首次采用钢筋混凝土框架承重结构，是现代高层建筑的开端；1889年在法国巴黎建成的标志性建筑埃菲尔铁塔，铁塔总高达312 m，是当时世界上最高的建筑，共有1.8万余件钢构件、259万颗铆钉，总重约为11 500 t，现已成为法国和巴黎的象征；1930年建于美国纽约的曼哈顿帝国大厦，共102层，高381 m，设有73部电梯，雄居世界最高建筑40年；1937年在美国旧金山建成了跨越金门海峡的金门大桥，是首座单跨过千米的大桥，跨度达1 280 m，桥头塔高227 m，2.7万余根钢丝绞线的主缆索直径0.927 m，重24 500 t。

同一时期，我国由于闭关锁国，土木工程发展缓慢，但还是引进西方技术建造了一些有影响力的土木工程，其代表主要有京张铁路、钱塘江大桥和上海国际饭店。京张铁路建于1905年，全长约200 km，是由12岁便考取"出洋幼童"并成为中国近代第一批官派留学生的铁路工程师詹天佑设计并主持建设的。钱塘江大桥是我国第一座双层铁路、公路两用钢结构桥梁，于1934~1937年间由我国留美博士茅以升主持建设，建设中利用了"射水法""沉箱法舢浮运法"等先进技术。上海国际饭店建于1934年，共24层，地面以上高83.8 m，在20世纪30年代曾号称"远东第一高楼"。

随着科学技术的不断发展，一批像钢铁、水泥和混凝土这样具有优良性能的建筑材料相继问世，为现代的大规模工程建设奠定了基础。进入

21 世纪，我国土建工程突飞猛进，高楼、高铁、大坝享誉全球。

## 二、建筑材料的发展现状与未来

建筑材料是我国经济发展和社会进步的重要基础原料之一。人类进入 21 世纪以来，对生存空间以及环境的要求达到了一个前所未有的高度。这对建筑材料的生产、研究、使用和发展提出了更新的要求和挑战。特别是现代美好社会的建设和城镇化的全面推进，乃至整个现代化建设的实施，预示着我国未来几十年的经济发展和社会进步对建筑材料有着更大的市场需求，也意味着我国建筑材料领域有着巨大的发展空间。因此，了解建筑材料的发展状况、把握建筑材料的发展趋势显得尤为重要。

### （一）建筑材料的现状

与以往相比，当代建筑材料的物理力学性能已获得明显改善，其应用范围也有明显的变化，例如，水泥和混凝土的强度、耐久性及其他功能均有所改善。随着现代陶瓷与玻璃的性能改进，其应用范围与使用功能已经大大拓宽。此外，随着技术的进步，传统的应用方式也发生了较大变化，现代施工技术与设备的应用也使得材料在工程中的性能表现比以往好，为现代土木工程的发展奠定了良好的物质基础。尽管目前建筑材料在品种与性能上已有很大的进步，但与人们对其性能的期望值还有较大差距。

#### 1. 从建筑材料的来源看

建筑材料的用量巨大，经过长期消耗，单一品种或数个品种的原材料来源已不能满足其持续不断的发展需求。尤其是历史发展到今天，以往大量采用的黏土砖瓦和木材等已经给可持续发展带来了沉重的负担。此外，由于人们对各种建筑物性能的要求不断提高，传统建筑材料的性能也越来越不能满足社会发展的需求。为此，以天然材料为主要建筑材料的时代即将结束，取而代之的将是各种人工材料，这些人工材料将会向着再生化、利废化、节能化和绿色化等方向发展。

**2.从土木工程对材料技术性能要求的方面来看**

土木工程对材料技术性能的要求越来越多，对各种物理性能指标的要求也越来越高，从而使未来建筑材料的发展具有多功能和高性能的特点，具体来说就是材料向着轻质、高强、多功能、良好的工艺性和优良耐久性的方向发展。

**3.从建筑材料应用的发展趋势来看**

为满足现代土木工程结构性能和施工技术的要求，材料应用向着工业化的方向发展。例如，建筑装配化要求混凝土向着部品化和商品化的方向发展，材料向着半成品或成品的方向延伸，材料的加工、储存、使用、运输及其他施工技术的机械化、自动化水平不断提高，劳动强度逐渐下降。这不仅改变着材料在使用过程中的性能表现，也逐渐改变着人们使用土木工程材料的手段和观念。

**4.我国建筑材料与世界先进水平的主要差距**

我国建筑材料就产量来说，可以称为世界大国。但无论是产品的结构、品种、档次、质量、性能、配套水平，还是工艺、技术装备、管理水平等，均与世界先进水平有一些差距。

（1）建筑装饰材料。我国的建筑装饰材料虽然起步较晚，但起点较高，因此相对于其他几类材料而言，水平较高，与世界先进水平的差距不是很大。

（2）防水材料。虽然国际市场上现有的主要产品国内都有生产，但由于生产技术和装备水平相对落后，因此先进产品的产量并不高。

（3）保温材料。无论是其产品结构还是技术水平，与世界先进水平还存在差距。

（4）墙体材料。我国虽是墙体材料的生产大国，而且黏土砖的产量很大，但就整体而言，与世界先进水平还有差距，主要表现在产品性能落后、结构不合理、设备陈旧、机械化程度低、劳动生产率低、产品强度低等方面。

## （二）主要建筑材料生产工艺现状

我国是世界上最大的建筑材料生产国和消费国。虽然总体水平不够先进，但水泥、玻璃等系统集成技术已经世界领先。

在水泥制造业，海螺水泥第一个建成"无人化"工厂；西南水泥引入线上采购；华新水泥引入智慧采购；冀东水泥构筑了企业智能制造与财务、业务一体化管理体系；南方水泥最大限度地实现水泥厂数字化与智能化；于都南方万年青从传统制造向信息化转型；天津哈沃科技开发无人化全自动系统。

在玻璃制造业，福耀集团结合信息技术和自动化的生产工厂已经走在全球同行业前列；中建材凯盛集团达成玻璃生产线智能制造、黑灯工厂，高端玻璃制造水平世界领先；南玻集团绿色能源产业园推动"机器换人"，实现自动化升级。在陶瓷制造业，行业技术与产品结构的总体水平有 15% 已经达到国际领先水平，30% 左右已经接近国际领先水平；超高压注浆成型、微波干燥技术、3D 打印等领先技术已经立项研制。

在建材流通业，万华生态集团推出"司空新家装"——绿色工业化定制家装产业互联网平台，将室内装修拆解为十大定制体系，实现装修从智能测量、智能匹配设计到智能制造、安装交付的全产业链数字化解决方案，并提供完整、绿色、高性价比的供应链，以满足中国房地产新建房市场快、美、绿的装修需求，实现内装工业化定制精装修。

尽管如此，我国建材制造业自动化和信息化水平总体上仍处于信息化早中期的工业 2.0 时代。众多建材企业通过技术改造实现装备升级还有相当大的空间。利用新技术改造传统产业，不仅能提升生产效率和产品质量，还可大幅降低能耗、物耗和排废水平，实现清洁、绿色、高效生产，推动传统产业向高品质、高附加值的价值链中高端迈进。

### （三）新型建筑材料——绿色建材

建筑材料行业在对资源的利用和对环境的影响方面都占据着重要的位置，在产值、能耗、环保等方面都是国民经济中的大户。为了保证源源不断地为工程建设提供质量可靠的材料，避免新型材料的生产和发展对环境造成危害，"绿色建材"应运而生。目前开发的绿色建材和准绿色建材主要有以下几种。

（1）利用废渣类物质为原料生产的建材。这类建材以废渣为原料，生产砖、砌块、胶凝材料，其优点是节能利废，但仍需依靠科技进步，继续研究和开发更为成熟的生产技术，使这类产品无论是成本上还是性能上都能真正达到绿色建材的标准。

（2）利用化学石膏生产的建材产品。用工业废石膏代替天然石膏，采用先进的生产工艺和技术，可生产各种土木建筑材料产品。这些产品具有许多石膏的优良性能，开辟石膏建材的新来源，并且消除了化工废石膏对环境的危害，符合可持续发展规划。

（3）利用废弃的有机物生产的建材产品。以废塑料、废橡胶及废沥青等可生产多种建筑材料，如防水材料、保温材料、道路工程材料及其他室外工程材料。这些材料消除了有机物对环境的污染，还节约了石油等资源，符合资源可持续发展的基本要求。

（4）各种代木材料。用其他废料制造的代木材料在生产使用中不会危害人的身体健康，利用高新技术使其成本和能耗降低，将是未来绿色建材的主要发展方向。

（5）利用来源广泛的地方材料为原料。每个地区都可能有来源丰富、不同种类的地方材料，根据这些地方材料的性质和特点，利用现有高科技生产技术，可生产各种性能的健康材料，如某些人造石材、水性涂料和某些复合材料。

### （四）建筑材料的发展趋势

进入 21 世纪以后，建筑材料的发展趋势有以下几个方面。

（1）研制高性能材料，如研制轻质、高强、高耐久性、优异装饰性和多功能的材料，充分利用和发挥各种材料的特性，采用复合技术，制造出具有特殊功能的复合材料。

（2）充分利用地方材料，尽量减少天然资源的浪费，大量使用尾矿、废渣、垃圾等废弃物作为建筑材料的资源，以保护自然资源和维护生态平衡。

（3）节约能源，采用低能耗、无环境污染的生产技术，优先开发、生产低能耗的材料以及能降低建筑物使用能耗的节能型材料。

（4）材料生产中不使用有损人体健康的添加剂和颜料，如甲醛、铅、镉、铬及其化合物等，同时要开发对人体有益的材料，如抗菌、灭菌、除臭、除霉、防火、调温、消磁、防辐射、抗静电等。

（5）产品可循环再生和回收利用，无污染废弃物，以防止二次污染。

# 第二章　建筑材料基础
# 及其工程性质

## 第一节　建筑材料的组成、结构及其对性能的影响

要了解材料的性质，首先要了解材料的组成和结构，因为材料的性质是由材料的组成和结构决定的。

### 一、建筑材料的组成

建筑材料的组成包括材料的化学组成、矿物组成，它不仅影响着材料的化学性质，而且是决定材料物理力学性质的重要因素。

#### 1.化学组成

各种建筑材料都具有一定的化学成分。化学组成是指构成材料的化学元素及化合物的种类及数量。建筑材料的化学组成既影响材料的物理力学性质，也影响材料抵抗外界侵蚀作用的化学稳定性。例如，建筑钢材是由生铁冶炼而成的，其主要成分是铁元素，生铁和钢含碳量不同，机械性能差异很大；钢材容易生锈，如果炼钢时加入适量的 Cr 和 Ni 等合金元素，就可以提高钢材的防锈能力。

金属材料和有机材料的化学成分常以其元素的百分含量表示，无机非金属材料的化学成分常以其氧化物含量百分数的形式表示。

## 2. 矿物组成

矿物组成是指化学元素组成相同、分子组成形式各异的现象。材料的矿物组成是在其化学组成确定的条件下，决定材料性质的主要因素。例如，硅酸盐水泥的主要化学组成都是 $CaO$、$SiO_2$ 等，但由于形成的矿物熟料有硅酸三钙（$3CaO \cdot SiO_2$）和硅酸二钙（$2CaO \cdot SiO_2$）之分，前者强度增长快、放热量大，后者强度增长慢、放热量小。又如，黏土和由其烧结而成的陶瓷，它们的化学组成都是 $SiO_2$ 和 $Al_2O_3$，但黏土在焙烧中由 $SiO_2$ 和 $Al_2O_3$ 结合生成 $3SiO_2 \cdot Al_2O_3$，使陶瓷具有比黏土更高的强度和硬度等特性。

## 3. 相组成

通常物质是以固态、液态和气态三种形态存在的，物质的固态称为固相，物质的液态称为液相，物质的气态称为气相。自然状态下，多数建筑材料为三相体系，即由固相、液相、气相物质组成。例如，新拌混凝土中的砂子、石子和水泥颗粒为固相物质，水为液相物质，其中的气泡属气相物质。极少数建筑材料为单相或两相体系，例如，钢材为固相构成的单相体系，胶水为液相构成的单相体系，聚苯板为由固相和气相构成的两相体系。

# 二、建筑材料的结构

建筑材料的结构是指从宏观可见直至分子、原子水平的各个层次的构造状况。一般可分为宏观结构、细观结构和微观结构三个结构层次。

## （一）宏观结构

建筑材料的宏观结构是指用肉眼或放大镜能够分辨到的结构。建筑材料的宏观结构，可按孔隙尺寸和构成形态来分类。

**1. 按孔隙尺寸分类**

（1）致密结构。致密结构是指无宏观层次孔隙存在的结构，如钢材、有色金属、天然的花岗岩、玻璃、玻璃钢、塑料等。具有致密结构的材料，结构密实、强度高、硬度大，常被用作结构材料。

（2）微孔结构。微孔结构是指具有微细孔隙的结构，如石膏制品、烧黏土制品等，其特征是孔隙多而小。一般来说，这类材料的密度和导热系数较小，具有良好的吸声、隔声性能，在建筑中常被用作吸声、隔声材料。

（3）多孔结构。多孔结构是指具有粗大孔隙的结构，如加气混凝土、泡沫混凝土、泡沫塑料及人造轻质多孔材料等，其特征是孔隙多且孔径较大。一般来说，这类材料的质地轻、保温性能好，多被用作绝热材料。

**2. 按构成形态分类**

（1）聚集结构。聚集结构是指由填充性集料与胶凝材料胶结成的结构，如水泥混凝土、砂浆、沥青混凝土、塑料等。这类材料的性质取决于集料和胶凝材料的性质以及其结合程度。

（2）纤维结构。纤维结构是指由纤维状物质构成的材料结构，如木材、玻璃纤维、矿棉等。这类材料的性质与纤维的排列秩序、疏密程度有关。

（3）层状结构。层状结构是指天然形成的或采用人工黏结等方法将材料综合而成层状的材料结构，如复合木地板、胶合板、纸面石膏板等。这类材料的性质与叠合材料性质及胶合程度有关，往往是各层材料在性质上有互补关系，从而增强了整体材料的性质。

（4）散粒结构。散粒结构是指松散颗粒状结构，如混凝土集料、膨胀珍珠岩等。砂是散粒构造的典型代表，其颗粒的形状、粗细程度以及级配情况对其品质有直接影响。

## （二）细观结构

建筑材料的细观结构也称亚微观结构，是指用光学显微镜观察到的结构。建筑材料的细观结构只能针对某种具体材料来进行分类研究。例如，混凝土可分为基相、集料相、界面相；阔叶树木材可分为木纤维、导管和髓线。

建筑材料细观结构层次上的各种组织结构、性质和特点各异，它们的特征、数量和分布对建筑材料的性能有重要影响。

## （三）微观结构

建筑材料的微观结构是指材料内部在分子、原子、离子层次的结构，常用电子显微镜及 X 射线衍射分析手段来研究。根据微粒在空间的分布状态不同，建筑材料的微观结构基本上可分为晶体、玻璃体、胶体三类。

### 1. 晶体

晶体的微观结构特点是组成物质的微粒在空间的排列有确定的几何位置关系。一般来说，晶体结构的物质具有强度高、硬度较大、固定熔点、化学稳定性高和力学各向异性等共同特性。根据组成晶体的微粒种类和结合方式不同，晶体可分为原子晶体、离子晶体、分子晶体和金属晶体。

建筑材料中的金属材料和非金属材料中的石膏等都是典型的晶体结构。值得注意的是，尽管材料的化学组成相同，如果晶体结构形式不同，其性质差异也会很大。例如，金刚石和石墨的化学组成都是碳（C），前者的强度极高，后者的强度极低。

### 2. 玻璃体

玻璃体的微观结构特点是组成物质的微粒在空间排列上呈无序混乱状态。玻璃体结构的材料具有化学活性高、无固定熔点、力学各向同性等共同特性。粉煤灰、火山灰、粒化高炉矿渣和建筑用普通玻璃都是典型的玻璃体结构。

### 3.胶体

胶体是极细的固体颗粒均匀分散在液体中所形成的结构。胶体与晶体和玻璃体的最大不同点是可呈分散相和网状两种结构形式，分别称为溶胶和凝胶。溶胶具有很强的吸附能力，失水后成为具有一定强度的凝胶结构，可以把材料中的固体颗粒黏结为整体。例如，气硬性无机胶凝材料中的水玻璃和硅酸盐水泥石中的水化硅酸钙都呈胶体结构。

# 第二节　建筑材料的物理性质

## 一、建筑材料与质量有关的性能

### （一）三种密度

#### 1.实际密度

实际密度（简称密度）是指材料在绝对密实状态下单位体积的质量，按下式计算：

$$\rho = \frac{m}{V}$$

式中：$\rho$ 为实际密度，$g/cm^3$；

$m$ 为材料在干燥状态下的质量，$g$；

$V$ 为材料在绝对密实状态下的体积，$cm^3$。

绝对密实状态下的体积是指不包括材料内部孔隙在内的固体物质的体积。测定材料密度时，可采取不同方法。对钢材、玻璃、铸铁等接近绝对密实状态的材料，可用排水（液）法；而绝大多数材料内部都含有一定孔隙时测定其密度时应把材料磨成细粉（至粒径小于 0.2 mm）以排除其内部孔隙，然后用排水（液）法测定其实际体积，再计算其绝对密度；水泥、石膏粉等材料本身是粉末态，就可以直接采用排水（液）法测定。

## 2. 体积密度

体积密度（亦称表观密度）是指材料在自然状态下单位体积的质量，按下式计算：

$$\rho_0 = \frac{m}{V_0}$$

式中：$\rho_0$ 为体积密度，g/cm³或kg/m³；

$m$ 为材料的质量，g 或 kg；

$V_0$ 为材料在自然状态下的体积，或称表观体积，cm³ 或 m³。

自然状态下的体积即表观体积，包含材料内部孔隙（开口孔隙和封闭空隙）在内。对外形规则的材料，其几何体积即为表观体积；对外形不规则的材料，可用排水（液）法测定，但在测定前，待测材料表面应用薄蜡层密封，以免测液进入材料内部孔隙而影响测定值。

材料孔隙内含有水分时，其质量和体积会发生变化，相同材料在不同含水状态下其表观密度也不相同，因此，表观密度应注明材料含水状态，若无特别说明，常指气干状态（材料含水率与大气湿度相平衡，但未达到饱和状态）下的表观密度。

## 3. 堆积密度

堆积密度是指散粒（粉状、粒状或纤维状）材料在自然堆积状态下单位体积的质量，按下式计算：

$$\rho_0' = \frac{m}{V_0'}$$

式中：$\rho_0'$ 为堆积密度，kg/m³；

$m$ 为材料的质量，kg；

$V_0'$ 为材料的堆积体积，m³。

自然堆积状态下的体积即堆积体积，包含颗粒内部的孔隙及颗粒之间的空隙。测定散粒状材料的堆积密度时，材料的质量是指填充在一定容积的容器内的材料质量，其堆积体积是指所用容器的容积。

## （二）材料的密实度与孔隙率

### 1.密实度

密实度是指材料体积内被固体物质所充实的程度，也就是固体物质的体积占总体积的比例。密实度反映了材料的致密程度，以 $D$ 表示：

$$D = \frac{V}{V_0} \times 100\% = \frac{\rho_0}{\rho} \times 100\%$$

含有孔隙的固体材料的密实度均小于 1。材料的很多性能（如强度、吸水性、耐久性、导热性等）均与其密实度有关。

### 2.孔隙率

孔隙率是指在材料体积内孔隙总体积（$V_p$）占材料总体积（$V_0$）的百分率，以 $P$ 表示。因 $V_p = V_0 - V$，则 $P$ 值可用下式计算：

$$P = \frac{V_0 - V}{V_0} \times 100\% = \left(1 - \frac{V}{V_0}\right) \times 100\% = \left(1 - \frac{\rho_0}{\rho}\right) \times 100\%$$

孔隙率与密实度的关系为

$$P + D = 1$$

上式表明，材料的总体积是由该材料的固体物质与其所包含的孔隙所组成的。

### 3.材料的孔隙

材料内部孔隙一般是自然形成或在生产、制造过程中产生的。其主要形成原因包括材料内部混入水（如混凝土、砂浆、石膏制品）；自然冷却作用（如浮石、火山渣）；外加剂作用（如加气混凝土、泡沫塑料）；焙烧作用（如膨胀珍珠岩颗粒、烧结砖）等。

材料的孔隙构造特征对建筑材料的各种基本性质具有重要的影响，一般可由孔隙率、孔隙连通性和孔隙直径 3 个指标来描述。孔隙率的大小及孔隙本身的特征与材料的许多重要性质（如强度、吸水性、抗渗性、抗冻性和导热性等）都有密切关系。一般而言，孔隙率较小且连通孔较少的材料，其吸水性较小、强度较高、抗渗性和抗冻性较好、绝热效果好。孔隙率是指孔隙在材料体积中所占的比例。孔隙按其连通性可分为连通孔、封闭孔和半连通孔（或半封闭孔）。连通孔是指孔隙之间、孔隙和外界之间都连通的孔隙（如木材、矿渣）；封闭孔是指孔隙之间、孔隙和外界之间都不连通的孔隙（如发泡聚苯乙烯、陶粒）；介于两者之间的称为半连通孔或半封闭孔。一般情况下，连通孔对材料的吸水性、吸声性影响较大，而封闭孔对材料的保温隔热性能影响较大。孔隙按其直径的大小可分为粗大孔、毛细孔、微孔。粗大孔是指直径大于毫米级的孔隙，这类孔隙对材料的密度、强度等性能影响较大，如矿渣。毛细孔是指直径在微米至毫米级的孔隙，对水具有强烈的毛细作用，主要影响材料的吸水性、抗冻性等性能，这类孔在多数材料内都存在，如混凝土、石膏等。微孔的直径在微米级以下，其直径微小，对材料的性能反而影响不大，如炻质陶瓷。

### （三）材料的填充率与空隙率

#### 1.填充率

填充率是指散粒材料在某容器的堆积体积中被其颗粒填充的程度，以 $D'$ 表示，可用下式计算：

$$D' = \frac{V_0}{V_0'} \times 100\% = \frac{\rho_0'}{\rho_0} \times 100\%$$

#### 2.空隙率

空隙率，是指散粒材料在某容器的堆积体积中，颗粒之间的空隙体积（$V_0$）占堆积体积的百分率，以 $P'$ 表示，可用下式计算：

$$P' = \frac{V_0' - V_0}{V_0'} \times 100\% = \left(1 - \frac{V_0}{V_0'}\right) \times 100\% = \left(1 - \frac{\rho_0'}{\rho_0}\right) \times 100\% = 1 - D'$$

即

$$D' + P' = 1$$

空隙率反映了散粒材料颗粒之间的相互填充的致密程度，对于混凝土的粗、细骨料，空隙率越小，说明其颗粒大小搭配得越合理，用其配制的混凝土越密实，水泥也越节约。配制混凝土时，砂、石空隙率可作为控制混凝土骨料级配与计算含砂率的依据。

## 二、材料与水有关的性能

### （一）亲水性与憎水性

材料在空气中与水接触时，根据其是否能被水润湿，可将材料分为亲水性和憎水性（或称疏水性）两大类。

材料在空气中与水接触时能被水润湿的性质称为亲水性。具有这种性质的材料称为亲水性材料，如砖、混凝土、木材等。

材料在空气中与水接触时不能被水润湿的性质称为憎水性（也称疏水性）。具有这种性质的材料称为疏水性材料，如沥青、石蜡等。

在材料、水和空气三者交点处，沿水的表面且限于材料和水接触面所形成的夹角口称为"润湿角"。当 $\theta<90°$ 时，材料分子与水分子之间的相互吸引力大于水分子之间的内聚力，称为亲水性材料；当 $\theta>90°$ 时，材料分子与水分子之间的相互吸引力小于水分子之间的内聚力，称为憎水性材料。

大多数建筑材料（如石料、砖及砌块、混凝土、木材等）都属于亲水性材料，其表面均能被水润湿，且能通过毛细管作用将水吸入材料的毛细管内部。沥青、石蜡等属于憎水性材料，其表面不能被水润湿，该类材料一般能阻止水分渗入毛细管中，因而能降低材料的吸水性。憎水性材料不仅可用作防水材料，而且还可用于亲水性材料的表面处理以降低其吸水性。

## （二）吸水性

材料在浸水状态下吸入水分的能力称为吸水性。吸水性的大小，以吸水率表示。吸水率有质量吸水率和体积吸水率之分。

质量吸水率是指材料吸水饱和时其所吸收水分的质量占材料干燥时质量的百分率，可按下式计算：

$$W_质 = \frac{m_湿 - m_干}{m_干} \times 100\%$$

式中：$W_质$ 为材料的质量吸水率，%；

$m_湿$ 为材料吸水饱和后的质量，g；

$m_干$ 为材料烘干到恒重的质量，g。

体积吸水率是指材料体积内被水充实的程度，即材料吸水饱和时所吸收水分的体积占干燥材料自然体积的百分率，可按下式计算：

$$W_体 = \frac{V_水}{V_0} \times 100\% = \frac{m_湿 - m_干}{V_0} \cdot \frac{1}{\rho_{H_2O}}$$

式中：$W_体$ 为材料的体积吸水率，%；

$V_水$ 为材料在吸水饱和时水的体积，cm³；

$V_0$ 为干燥材料在自然状态下的体积，cm³；

$\rho_{H_2O}$ 为水的密度，g/cm³，在常温下 $\rho_{H_2O}$ =1 g/cm³。

质量吸水率与体积吸水率存在如下关系：

$$W_体 = W_质 \cdot \rho_0 \frac{1}{\rho_{H_2O}} = W_质 \cdot \rho_0$$

式中：$\rho_0$ 为材料干燥状态的表观密度，g/cm³。

材料吸水性不仅取决于材料本身是亲水的还是憎水的，还与其孔隙率的大小及孔隙特征有关。封闭的孔隙实际上是不吸水的，只有那些开口而尤以毛细管连通的孔才是吸水最强的。粗大开口的孔隙，水分又不易存留，难以吸足水分，故材料的体积吸水率常小于孔隙率，这类材料常用质量吸水率表示它的吸水性。而对于某些轻质材料，如加气混凝土、软木等，由于具有很多开口而微小的孔隙，所以它的质量吸水率往往超过 100%，即湿质量为干质量的几倍，在这种情况下，最好用体积吸水率表示其吸水性。

材料在吸水后，原有的许多性能会发生改变，如强度降低、表观密度加大、保湿性变差，甚至有的材料会因吸水发生化学反应而变质。

### （三）吸湿性

材料在潮湿的空气中吸收空气中水分的性质，称为吸湿性。吸湿性的大小用含水率表示。材料所含水的质量占材料干燥质量的百分数，称为材料的含水率，可按下式计算：

$$W_{含} = \frac{m_{含} - m_{干}}{m_{干}} \times 100\%$$

式中：$W_{含}$ 为材料的含水率，%；

$m_{含}$ 为材料含水时的质量，g；

$m_{干}$ 为材料干燥至恒重时的质量，g。

材料的含水率大小除与材料本身的特性有关外，还与周围环境的温度、湿度有关。气温越低、相对湿度越大，材料的含水率也就越大。当材料吸水达到饱和状态时的含水率即为吸水率。

材料随着空气湿度的变化，既能在空气中吸收水分，又可向外界扩散水分，最终将使材料中的水分与周围空气的湿度达到平衡，这时材料的含水率称为平衡含水率。平衡含水率并不是固定不变的，随环境温度和湿度的变化而改变。

### （四）耐水性

材料长期在饱和水作用下而不破坏，其强度也不显著降低的性质称为耐水性。材料的耐水性用软化系数表示，可按下式计算：

$$K_{\text{软}} = \frac{f_{\text{饱}}}{f_{\text{干}}}$$

式中：$K_{\text{软}}$为材料的软化系数；

$f_{\text{饱}}$为材料在水饱和状态下的抗压强度，MPa；

$f_{\text{干}}$为材料在干燥状态下的抗压强度，MPa。

材料的软化系数反映了材料吸水后强度降低的程度，其值在0~1之间。$K_{\text{软}}$越小，耐水性越差，故$K_{\text{软}}$值可作为处于严重受水侵蚀或潮湿环境下的重要结构物选择材料时的主要依据。处于水中的重要结构物，其材料的$K_{\text{软}}$值应不小于0.90；次要的或受潮较轻的结构物，其$K_{\text{软}}$值应不小于0.85；对于经常处于干燥环境的结构物，可不必考虑$K_{\text{软}}$，通常认为$K_{\text{软}}$大于0.80的材料是耐水材料。

## （五）抗渗性

材料抵抗压力水渗透的性质称为抗渗性（或不透水性），可用渗透系数$K$表示。

达西定律表明，在一定时间内，透过材料试件的水量与试件的断面积及水头差（液压）成正比，与试件的厚度成反比，即

$$W = K\frac{h}{d}At \text{ 或 } K = \frac{Wd}{Ath}$$

式中：$K$为渗透系数，cm/h；

$W$为透过材料试件的水量，$cm^3$；

$t$为透水时间，h；

$A$为透水面积，$cm^2$；

$h$为静水压力水头，cm；

$d$为试件厚度，cm。

渗透系数反映了材料抵抗压力水渗透的性质，渗透系数越大，材料的抗渗性越差。

建筑中大量使用的砂浆、混凝土等材料，其抗渗性用抗渗等级表示。抗渗等级用材料抵抗的最大水压力来表示，如 P6、P8、P10、P12 等，分别表示材料可抵抗 0.6 MPa、0.8 MPa、1.0 MPa、1.2 MPa 的水压力而不渗水。抗渗等级越大，材料的抗渗性越好。

材料抗渗性的好坏与材料的孔隙率和孔隙特征有密切关系。孔隙率很小而且是封闭孔隙的材料具有较高的抗渗性。对于地下建筑及水上构筑物，因常受到压力水的作用，故要求其材料具有一定的抗渗性；对于防水材料，则要求具有更高的抗渗性。材料抵抗其他液体渗透的性质，也属于抗渗性。

## （六）抗冻性

材料在吸水饱和状态下，能经受多次冻结和融化作用（冻融循环）而不破坏，同时也不严重降低强度，质量也不显著减少的性质，称为抗冻性。一般建筑材料如混凝土抗冻性常用抗冻等级 F 表示。抗冻等级是以规定的试件在规定试验条件下，测得其强度降低不超过规定值，并无明显损坏和剥落时所能经受的冻融循环次数来确定的，用符号"F"加数字表示，其中数字为最大冻融循环次数。例如，抗冻等级 F10 表示在标准试验条件下，材料强度下降不大于 2 500，质量损失不大于 500，所能经受的冻融循环的次数最多为 10 次。

材料经多次冻融循环后，表面将出现裂纹、剥落等现象，造成质量损失、强度降低。这是由于材料内部孔隙中的水分结冰时体积增大，对孔壁产生很大压力，冰融化时压力又骤然消失所致。无论是冻结还是融化过程都会使材料冻融交界层间产生明显的压力差，并作用于孔壁使之遭损。对于冬季室外计算温度低于 −10 ℃的地区，工程中使用的材料必须进行抗冻试验。

材料抗冻等级的选择是由建筑物的种类、材料的使用条件和部位、当地的气候条件等因素决定的。例如烧结普通砖、陶瓷面砖、轻混凝土等墙体材料，经多次冻融交替作用后，表面将出现剥落、裂纹，产生质量损失，强度也将会降低。冰冻对材料的破坏作用，是材料孔隙内的水结冰时体积膨胀（约增大9%）而引起孔壁受力破裂所致。所以，材料抗冻性的高低，决定于材料的吸水饱和程度和材料对结冰时体积膨胀所产生的压力的抵抗能力。

抗冻性良好的材料，对于抵抗温度变化、干湿交替等破坏作用的性能也较强。所以，抗冻性常作为考查材料耐久性的一个指标。处于温暖地区的建筑物，虽无冰冻作用，但为抵抗大气的作用，确保建筑物的耐久性，有时对材料也提出一定的抗冻性要求。

# 三、建筑材料的热工性能

在建筑中，建筑材料除了须满足必要的强度及其他性能要求外，为了节约建筑物的使用能耗以及为生产和生活创造适宜的条件，常要求材料具有一定的热性质以维持室内温度。常考虑的热性质有材料的导热性、热容量、保湿隔热性能和热变形性等。

## （一）导热性

材料传导热量的能力称为导热性。材料导热能力的大小可用导热系数表示，导热系数在数值上等于厚度为 1 m 的材料，当其相对两侧表面的温度差为 1 K 时，经单位面积（1 m²）单位时间（1 s）所通过的热量，可用下式表示：

$$\lambda = \frac{Q\delta}{At(T_2 - T_1)}$$

式中：$\lambda$ 为导热系数，W/（m·K）；

$Q$ 为传导的热量，J；

$A$ 为热传导面积，m²；

$\delta$ 为材料厚度，m；

$t$ 为热传导时间，s；

$T_2 - T_1$ 为材料两侧温差，K。

材料的导热系数越小，绝热性能越好。各种建筑材料的导热系数差别很大，在 0.035~3.500 W/(m·K)。材料的导热系数与其内部孔隙构造有密切关系。由于密闭空气的导热系数很小，仅 0.023 W/(m·K)，所以，材料的孔隙率较大者其导热系数较小，但如孔隙粗大而贯通，由于对流作用的影响，材料的导热系数反而增高。材料受潮或受冻后，其导热系数会大大提高，这是由于水和冰的导热系数比空气的导热系数高很多，分别为 0.58 W/(m·K) 和 2.20 W/(m·K)。因此，绝热材料应经常处于干燥状态，以利于发挥材料的绝热性能。

## （二）比热

材料加热时吸收热量、冷却时放出热量的性质称为比热。比热容又称比热容量，简称比热。比热表示 1 g 材料温度升高 1 K 时所吸收的热量，或降低 1 K 时放出的热量。材料吸收或放出的热量和比热可由下式计算：

$$Q = cm(T_2 - T_1)$$

$$c = \frac{Q}{m(T_2 - T_1)}$$

式中：$Q$ 为材料吸收或放出的热量，J：

$c$ 为材料的比热，J/(g·K)；

$m$ 为材料的质量，g；

$T_2 - T_1$ 为材料受热或冷却前后的温差，K。

比热是反映材料的吸热或放热能力大小的物理量。不同材料的比热不同，即使是同一种材料，由于所处物态不同，其比热也不同。例如，水的比热为 4.186 J/( g·K )，而结冰后比热则是 2.093 J/( g·K )。$c$ 与 $m$ 的乘积，即材料吸收或放出的热量。采用比热大的材料，对于保持室内温度具有很大意义。如果采用比热大的材料做维护结构材料，能在热流变动或采暖设备供热不均匀时缓和室内的温度波动，不会使人有忽冷忽热的感觉。

### （三）保温隔热性能

在建筑工程中常把 $1/\lambda$ 称为材料的热阻，用 $R$ 表示。导热系数和热阻 $R$ 都是评定建筑材料保温隔热性能的重要指标。人们习惯把防止室内热量的散失称为保温，把防止外部热量的进入称为隔热，将保温隔热统称为绝热。

材料的导热系数越小，其热阻值越大，则材料的导热性能越差，其保温隔热性能越好，所以常将导热系数小于 0.175 W/( m·K ) 的材料称为绝热材料。

### （四）热变形性

材料的热变形性是指材料在温度变化时其尺寸的变化，一般材料均具有热胀冷缩这一自然属性。材料的热变形性，常用长度方向变化的线膨胀系数表示，土木工程总体上要求材料的热变形不要太大，对于像金属、塑料等热膨胀系数大的材料，因温度和日照都易引起伸缩，成为构件产生位移的原因，在构件接合和组合时都必须予以注意。对于有隔热保温要求的工程设计，应尽量选用比热大、导热系数小的材料。

## 四、建筑材料的声学性能

### （一）吸声性能

物体振动时，迫使邻近空气随着振动而形成声波，当声波接触到材料表面时，一部分被反射，一部分穿透材料，而其余部分则在材料内部的孔隙中引起空气分子与孔壁的摩擦和黏滞阻力，使相当一部分声能转化为热能而被吸收。被材料吸收的声能（包括穿透材料的声能在内）与原先传递给材料的全部声能之比，是评定材料吸声性能好坏的主要指标，称为吸声系数，用下式表示：

$$\alpha = \frac{E}{E_0}$$

式中：$\alpha$ 为材料的吸声系数；

　　　$E$ 为传递给材料的全部入射声能；

　　　$E_0$ 为被材料吸收（包括透过）的声能。

假如入射声能的 70% 被吸收，30% 被反射，则该材料的吸声系数 $\alpha$ 就等于 0.7。当入射声能 100% 被吸收而无反射时，吸声系数等于 1。一般材料的吸声系数在 0~1，吸声系数越大，则吸声效果越好。只有悬挂的空间吸声体，由于有效吸声面积大于计算面积，可获得吸声系数大于 1 的情况。

为了全面反映材料的吸声性能，规定取 125 Hz、250 Hz、500 Hz、1 000 Hz，2 000 Hz、4 000 Hz 这 6 个频率的吸声系数来表示材料的特定吸声频率，则这 6 个频率的平均吸声系数大于 0.2 的材料，可称为吸声材料。

吸声材料能抑制噪声和减弱声波的反射作用。为了改善声波在室内传播的质量，保持良好的音响效果和减少噪声的危害，在进行音乐厅、电影院、大会堂、播音室等内部装饰时，应使用适当的吸声材料，在噪声大的厂房内有时也采用吸声材料。一般来讲，对同一种多孔材料，表观密度增大时（即空隙率减小时），对低频声波的吸声效果有所提高，而对高频吸声效果则有所降低。增加多孔材料的厚度，可提高对低频声波的吸声效果，而对高频声波则没有多大影响。材料内部孔隙越多、越细小，吸声效果越好。如果孔隙太大，则效果较差；如果材料总的孔隙大部分为单独的封闭气泡（如聚氯乙烯泡沫塑料），则因声波不能进入，从吸声机理上来讲，就不属多孔性吸声材料。当多孔材料表面涂刷油漆或材料吸湿时，则因材料表面的孔隙被水分或涂料所堵塞，使其吸声效果大大降低。

### （二）隔声性能

材料能减弱或隔断声波传递的性能称为隔声性能，人们要隔绝的声音按其传播途径有空气声（通过空气传播的声音）和固体声（通过固体的撞击或振动传播的声音）两种，两者隔声的原理不同。

对空气声的隔绝主要是依据声学中的"质量定律"，即材料的密度越大，越不易受声波作用而产生振动，因此，其声波通过材料传递的速度迅速减慢，其隔声效果越好，所以，应选用密度大的材料（如钢筋混凝土、实心砖等）作为隔绝空气声的材料。对固体声隔绝的最有效措施是断绝其声波继续传递的途径，即在产生和传递固体声波的结构（如梁、框架与楼板、隔墙以及它们的交接处等）层中加入具有一定弹性的衬垫材料，以阻止或减弱固体声波的继续传播。

结构的隔声性能用隔声量表示，隔声量是指入射与透过材料声能相差的分贝（dB）数。隔声量越大，隔声性能越好。

# 第三节　建筑材料的力学性质

## 一、建筑材料的强度、强度等级和比强度

### （一）强度

材料可抵抗因外力（荷载）作用而引起破坏的最大能力，即为该材

料的强度。其值是以材料受力破坏时单位受力面积上所承受的力表示的，其通式可写为

$$f = P / A$$

式中：$f$ 为材料的强度，MPa；

　　$P$ 为破坏荷载，N；

　　$A$ 为受荷面积，mm²。

材料抗拉、抗压和抗剪等强度按下面公式计算；抗弯（折）强度的计算，按受力情况、截面形状等不同，方法各异。

$$f_\mathrm{m} = \frac{3FL}{2bh^2}$$

式中：$f_\mathrm{m}$ 为抗弯（折）强度，MPa；

　　$F$ 为受弯时破坏荷载吗，N；

　　$L$ 为两支点间的距离，mm；

　　$b$ 为材料截面宽度，mm；

　　$h$ 为材料截面高度，mm。

材料的静力强度实际上只是在特定条件下测定的强度值。试验测出的强度值，除受材料的组成、结构等内在因素的影响外，还与试验条件有密切关系，如试件的形状、尺寸、表面状态、含水率、温度及试验时加荷速度等。为了使试验结果比较准确而且具有互相比较的意义，测定材料强度时必须严格按照统一的标准试验方法进行。

## （二）强度等级

大部分建筑材料，根据其极限强度的大小，可划分为若干不同的强度等级。如砂浆按抗压强度分为 M20、M15、M10、M7.5、M5.0、M2.5 这 6 个强度等级，普通水泥按抗压强度分为 32.5~62.5 等强度等级。将建筑材料划分为若干强度等级，对掌握材料性能、合理选用材料、正确进行设计和控制工程质量都十分重要。

## （三）比强度

比强度是材料的抗拉强度与其表观密度之比，比强度越高表明达到相应强度所用的材料质量越轻。

## 二、建筑材料的弹性和塑性

材料在外力作用下产生变形，当外力取消后，材料变形即可消失并能完全恢复原来形状的性质，称为弹性。这种当外力取消后瞬间内即可完全消失的变形，称为弹性变形。这种变形属于可逆变形，其数值的大小与外力成正比，其比例系数称为弹性模量。在弹性变形范围内，弹性模量为常数，其值等于应力与应变的比值，弹性模量是衡量材料抵抗变形能力的一个指标，弹性模量越大，材料越不易变形。

在外力作用下材料产生变形，取消外力后仍保持变形后的形状尺寸并且不产生裂缝的性质，称为塑性。这种不能消失的变形，称为塑性变形（或永久变形）。

许多材料受力不大时，仅产生弹性变形；受力超过一定限度后，即产生塑性变形。如建筑钢材，当外力值小于弹性极限时，仅产生弹性变形；当外力大于弹性极限后，则除了弹性变形外，还产生塑性变形。有的材料在受力时，弹性变形和塑性变形同时产生，如果取消外力，则弹性变形可以消失而其塑性变形则不能消失，称为弹塑性材料，普通混凝土硬化后可看作典型的弹塑性材料。

## 三、建筑材料的脆性和韧性

在外力作用下，当外力达到一定限度后，材料突然破坏而又无明显的塑性变形的性质，称为脆性。脆性材料抵抗冲击荷载或震动作用的能力很差。其抗压强度比抗拉强度高得多，如混凝土、玻璃、砖、石、陶瓷等。

在冲击、震动荷载作用下，材料能吸收较大的能量，产生一定的变形而不致被破坏的性能，称为韧性。如建筑钢材、木材等属于韧性较好的材料。建筑工程中，对于要承受冲击荷载和有抗震要求的结构，其所用的材料都要考虑材料的冲击韧性。

## 四、材料的硬度和耐磨性

硬度是材料表面能抵抗其他较硬物体压入或刻画的能力。不同材料的硬度测定方法不同。按刻画法，矿物硬度分为 10 级（莫氏硬度）。其硬度递增的顺序依次为滑石、石膏、方解石、萤石、磷灰石、正长石、石英、黄玉、刚玉、金刚石。木材、混凝土、钢材等的硬度常用钢球压入法测定（布氏硬度 HB）。一般来说，硬度大的材料耐磨性较强，但不易加工。耐磨性是材料表面抵抗磨损的能力。建筑工程中，用于道路、地面、踏步等部位的材料，均应考虑其硬度和耐磨性。一般来说，强度较高且密实的材料，其硬度较大、耐磨性较好。

# 第四节  建筑材料的耐久性

建筑材料除应满足各项物理、力学的功能要求外，还必须经久耐用，反映这一要求的性质称为耐久性。耐久性是指材料在内部和外部多种因素作用下，长久地保持其使用性能的性质。

影响材料耐久性的因素是多种多样的，除材料内在原因使其组成、构造、性能发生变化以外，还要长期受到使用条件及各种自然因素的作用，这些作用可概括为以下几方面。

## 一、物理作用

物理作用包括环境温度、湿度的交替变化，即冷热、干湿、冻融等循环作用。材料在经受这些作用后，将发生膨胀、收缩或产生内应力，长期的反复作用将使材料变形、开裂甚至破坏。

## 二、化学作用

化学作用包括大气和环境水中的酸、碱、盐或其他有害物质对材料的侵蚀作用，以及日光、紫外线等对材料的作用，使材料发生腐蚀、碳化、老化等而逐渐丧失使用功能。

## 三、机械作用

机械作用包括荷载的持续作用，交变荷载对材料引起的疲劳、冲击、磨损等。

## 四、生物作用

生物作用包括菌类、昆虫等的侵害作用，导致材料发生腐朽、虫蛀等而破坏。

一般矿物质材料如石材、砖瓦、陶瓷、混凝土等，暴露在大气中时，主要受到大气的物理作用；当材料处于水位变化区或水中时，还受到环境水的化学侵蚀作用。金属材料在大气中易被锈蚀；沥青及高分子材料在阳光、空气及辐射的作用下，会逐渐老化、变质而破坏。影响材料耐久性的外部因素往往通过其内部因素而发生作用，与材料耐久性有关的内部因素主要是材料的化学组成、结构和构造的特点。当材料含有易与其他外部介质发生化学反应的成分时，就会造成因其抗渗性和耐腐蚀能力差而引起破坏。

对材料耐久性最可靠的判断，是对其在使用条件下进行长期的观察和测定，但这需要很长的时间，往往满足不了工程的需要。所以常常根据使用要求，用一些实验室可测定又能基本反映其耐久性特性的短时试验指标来表达。例如，常用软化系数来反映材料的耐水性；用实验室的冻融循环（数小时一次）试验得出的抗冻等级来反映材料的抗冻性；采用较短时间的化学介质浸渍来反映实际环境中的水泥石长期腐蚀现象等。

为了提高材料的耐久性，以利于延长建筑物的使用寿命和减少维修费用，可根据使用情况和材料特点，采取相应的措施。如设法减轻大气或周围介质对材料的破坏作用（如降低湿度、排除侵蚀性物质等），提高材料本身对外界作用的抵抗能力（如提高材料的密实度、采取防腐措施等），也可用其他材料保护主体材料免受破坏（如覆面、抹灰、刷涂料等）。

# 第三章　建筑材料的分类

## 第一节　天然石材

### 一、天然岩石的基本知识

岩浆岩又称火成岩，是地壳内的熔融岩浆在地下或喷出地面后冷凝而成的岩石。根据冷却条件的不同，岩浆岩可分为以下三种。

#### （一）岩浆岩

**1. 深成岩**

深成岩是地表深处岩浆受上部覆盖层的压力作用，缓慢均匀地冷却而形成的岩石。其特点是结晶完全、晶粒粗大、结构致密、表观密度大、抗压强度高、吸水率小、抗冻性和耐久性好。深成岩中有花岗岩、正长岩、闪长岩、辉长岩等。

**2. 喷出岩**

喷出岩是岩浆喷出地表后，在压力骤减和迅速冷却的条件下形成的岩石。其特点是结晶不完全，多呈细小结晶或玻璃质结构，岩浆中所含气体在压力骤减时会在岩石中形成多孔构造。建筑中用到的喷出岩有玄武岩、辉绿岩、安山岩等。

**3. 火山岩**

火山岩是火山爆发时岩浆被喷到空中，在压力骤减和急速冷却条件下形成的多孔散粒状岩石。有多孔玻璃质结构且表观密度小的散粒状火山岩，如火山灰、火山渣、浮石等；也有因散粒状火山岩堆积而受到覆盖层压力作用并凝聚成大块的胶结火山岩，如火山凝灰岩。

## （二）沉积岩

沉积岩也称水成岩，是各种岩石经风化、搬运、沉积和再造作用而形成的岩石。沉积岩呈层状构造，孔隙率和吸水率较大，强度和耐久性较岩浆岩低。沉积岩按照生成条件分为机械沉积岩、生物沉积岩和化学沉积岩三种。

### 1. 机械沉积岩

机械沉积岩是风化破碎后的岩石又经风、雨、河流及冰川等搬运、沉积、重新压实或胶结而成的岩石，主要有砂岩、砾岩和页岩等，其中常用的是砂岩。

### 2. 生物沉积岩

生物沉积岩是由各种有机体死亡后的残骸沉积而成的岩石，如硅藻土等。

### 3. 化学沉积岩

化学沉积岩是由溶解于水中的矿物经聚积、反应、结晶、沉积而成的岩石，如石膏、白云石、菱镁矿等。

## （三）变质岩

变质岩是地壳中原有的各种岩石，在地层的压力和温度的作用下，原岩石在固体状态下发生再结晶的作用，而使其矿物成分、结构构造以至化学成分部分或全部改变而形成的新岩石。根据原岩石的种类不同，可分为两种。

### 1. 正变质岩

正变质岩由岩浆岩变质而成，性能一般较原岩浆岩差，如片麻岩。

### 2.副变质岩

副变质岩由沉积岩变质而成，性能一般较原沉积岩好，如大理岩、石英岩等。大理岩结构致密，表观密度大，硬度不大，纯的为雪白色，磨光后美观。石英岩呈晶体结构，致密，强度大，耐久性好，但硬度大，加工困难。

## 二、天然石材的技术性质

天然石材的技术性质，可分为物理性质、力学性质和工艺性质。

### （一）物理性质

#### 1.表观密度

石料表观密度的大小常间接反映出石材的致密程度及孔隙多少。表观密度大于 1 800 kg/m³ 的石材，称为重质石材，主要用作建筑物的基础、地面、路面、桥梁、挡土墙及水工构筑物等；表观密度小于或等于 1 800 kg/m³ 的石材，称为轻质石材，主要用作墙体材料等。

#### 2.吸水性

吸水率低于 1.5% 的岩石称为低吸水性岩石。吸水率介于 1.5%~3.0% 的岩石称为中吸水性岩石。吸水率高于 3.0% 的岩石称为高吸水性岩石。

石材的吸水性对其强度与耐水性有很大影响。石材吸水后，会降低颗粒之间的黏结力，从而使强度降低。有些岩石还容易被水溶蚀，其耐水性也较差。

#### 3.耐水性

岩石中含有较多的黏土或易溶物质时，软化系数则较小，其耐水性较差。根据软化系数大小，可将石材分为高、中、低三个等级。软化系数 >0.90 为高耐水性；软化系数在 0.75~0.90 为中耐水性；软化系数在 0.60~0.75 为低耐水性；软化系数 <0.60 者，则不允许用于重要建筑物中。

**4. 抗冻性**

石材抗冻性与吸水性有密切的关系，吸水率大的石材其抗冻性也差。根据经验，吸水率 <0.5% 的石材，则认为是抗冻的。

## （二）力学性质

天然石材的力学性质主要包括抗压强度、冲击韧度、硬度及耐磨性等。

**1. 抗压强度**

石材的抗压强度是以三个边长为 70 mm 的正立方体试块的抗压破坏强度的平均值表示。根据抗压强度的大小，石材共分九个强度等级：MU100、MU80、MU60、MU50、MU40、MU30、MU20、MU15、MU10。

**2. 冲击韧度**

石材的冲击韧度取决于岩石的矿物组成与构造。通常，晶体结构的岩石较非晶体结构的岩石具有较高的韧性。石英岩、硅质砂岩脆性较大。含暗色矿物较多的辉长岩、辉绿岩等具有较高的韧性。

**3. 硬度**

材料的硬度指石材抵抗其他物体机械侵入的能力，它与石材的矿物成分、结构等有关。石材的硬度通常分为相对硬度和绝对硬度。相对硬度是由矿物学家莫尔指定的，所以也被称为莫氏硬度。

**4. 耐磨性**

耐磨性是指石材在使用条件下抵抗摩擦、边缘剪切以及冲击等复杂作用的能力。石材的耐磨性包括耐磨损与耐磨耗两方面。凡是用于可能遭受磨损作用的场所，如台阶、人行道、地面、楼梯踏阶等和可能遭受磨耗作用的场所，应采用具有高耐磨性的石材。

## （三）工艺性质

石材的工艺性质，主要指其开采和加工过程的难易程度及可能性，包括加工性、磨光性与抗钻性等。由于用途和使用条件的不同，对石材的性质及其所要求的指标均有所不同。工程中用于基础、桥梁、隧道以及石砌工程的石材，一般规定其抗压强度、抗冻性与耐水性必须达到一定指标。

# 三、常用建筑石材

建筑上使用的天然石材常加工为散粒状、块状，形状规则的石块、石板，形状特殊的石制品等。

## （一）砌筑用石材

石砌体采用的石材应质地坚实，无风化剥落和裂纹。用于清水墙、柱表面的石材应色泽均匀。石材表面的污垢、水锈等杂质，砌筑前应清除干净。石材按其加工后的外形规则程度，可分为料石和毛石。

### 1. 料石

料石是用毛料加工成较为规则的具有一定规格的六面体石材。按料石表面加工的平整程度可分为毛料石、粗料石、半细料石和细料石。

料石常用致密的砂岩、石灰岩、花岗岩等开采凿制，至少应有一个面的边角整齐，以便相互合缝。料石常用于砌筑墙身、地坪、踏步和纪念碑等；形状复杂的料石制品可用于柱头、柱基、窗台板、栏杆和其他装饰品等。

### 2. 毛石

毛石是在采石场爆破后直接得到的形状不规则的石块。按其表面的平整程度分为乱毛石和平毛石两类。乱毛石是指形状不规则的石块；平毛石是指形状不规则，但有两个平面大致平行的石块。毛石应呈块状，一般要求石块中部厚度不小于 150 mm，长度为 300~400 mm，质量为 20~30 kg，其强度不宜小于 10 MPa，软化系数不应小于 0.75。毛石常用于砌筑基础、勒脚、墙身、堤坝、挡土墙等，也可用于配制片石混凝土等。

## （二）板材

石材板材是天然岩石经过荒料开采、锯切、磨光等加工过程制成的板状装饰面材。石材板材具有构造致密、强度大的特点，因此具有较强的耐潮湿、耐候性，是地面、台面装修的理想材料。按照形状分为普通型板材和异型板材；根据表面加工程度分为粗面板材、细面板材、镜面板材三类。

在日常生活中较为常见的石材板材是大理石板材和花岗石板材。

大理石板材是用大理石荒料经锯切、研磨、抛光等加工而成的石板。大理石板材主要用于建筑物室内饰面。大理石抗风化能力差，易受空气中二氧化硫的腐蚀，而使表面层失去光泽，变色并逐渐破损，故较少用于室外。通常，只有汉白玉、艾叶青等少数几种致密、质纯的品种可用于室外。

花岗石板材是由火成岩中的花岗岩、闪长岩、辉长岩、辉绿岩等荒料加工而成的石板。该类板材的品种、质地、花色繁多。由于花岗石板材质感丰富，具有华丽高贵的装饰效果，且质地坚硬，耐久性好，所以是室内外高级饰面材料。花岗石可用于各类高级建筑物的墙、柱、地、楼梯、台阶等的表面装饰及服务台、展示台及家具等。

## （三）颗粒状石材

### 1. 碎石

碎石指天然岩石或卵石经过机械破碎，筛分制成的粒径大于 4.75 mm 的颗粒状石料，主要用于配制混凝土以及作为道路及基础垫层、铁路路基、庭院和室内水景用石。

### 2. 卵石

卵石指母岩经自然条件风化、磨蚀、冲刷等作用而形成的表面较光滑的颗粒状石料。用途同碎石，也可以作为装饰混凝土骨料。

### 3. 石渣

石渣是由天然大理石及其他天然石材破碎后加工而成的。石渣具有多种光泽，常用作人造大理石、水磨石、斩假石、水刷石、干黏石的骨料。石渣应颗粒坚硬，有棱角、洁净，不含有风化的颗粒，使用时要冲刷干净。

## （四）石材选用原则

在建筑设计和施工中，应根据适用性和经济性等原则选用石材。

### 1. 适用性

主要考虑石材的技术性能是否能满足使用要求。可根据石材在建筑物中的用途和部位及所处环境，选定主要技术指标能满足要求的岩石。

### 2. 经济性

天然石材的密度大，运输不便、运费高，应综合考虑地方资源，尽可能做到就地取材。难于开采和加工的石料，将使材料成本提高，选材时应注意。

### 3. 安全性

由于天然石材是构成地壳的基本物质，因此可能存在含有放射性的物质。石材中的放射性物质主要是指镭等放射性元素，在衰变中会产生对人体有害的物质。

# 四、人造石材

人造石材具有天然石材的花纹、质感和装饰效果，而且花色、品种、形状等多样化，并具有质量轻、强度高、耐腐蚀、耐污染、施工方便等优点。目前常用的人造石材有下述四类。

## （一）水泥型人造石材

水泥型人造石材是以水泥为黏结剂，砂为细骨料，碎大理石、花岗岩、工业废渣等为粗骨料，经配料、搅拌、成型、加压蒸养、磨光、抛光等工序而制成。通常所用的水泥为硅酸盐水泥，现在也用铝酸盐水泥作为黏结剂，用它制成的人造大理石表面光泽度高、花纹耐久、抗风化，耐火性、防潮性都优于一般的人造大理石。

### （二）聚酯型人造石材

聚酯型人造石材以不饱和聚酯为胶结料，与石英砂、大理石碎石、方解石粉等无机填料和外加剂按一定的比例配合，经配制、混合搅拌、浇筑成型、烘干、抛光等工序而制成。

目前，国内外人造大理石、花岗石以聚酯型为多，该类产品光泽好、颜色浅，可调配成各种鲜明的花色图案。不饱和聚酯的黏度低，易于成型，且在常温下固化较快，便于制作形状复杂的制品。与天然大理石相比，聚酯型人造石材具有强度高、密度小、厚度薄、耐酸碱腐蚀及美观等优点。但其耐老化性能不及天然花岗石，故多用于室内装饰。

### （三）复合型人造石材

该类人造石材是由无机胶结料和有机胶结料共同组合而成的。例如，在廉价的水泥型板材上复合聚酯型薄层，组成复合型板材，以获得最佳的装饰效果和经济指标；也可将水泥型人造石材浸渍于具有聚合性能的有机单体中并加以聚合，以提高制品的性能和档次。有机单体可用苯乙烯、甲基丙烯酸甲酯、醋酸乙烯、丙烯腈、二氯乙烯、丁二烯等。

### （四）烧结型人造石材

这种石材是把斜长石、石英、辉石石粉和赤铁矿以及高岭土等混合成矿粉，再配以40%左右的黏土混合制成泥浆，经制坯、成型和艺术加工后，再经1 000 ℃左右的高温焙烧而成，如仿花岗石瓷砖、仿大理石陶瓷艺术板等。

# 第二节　水泥材料

## 一、硅酸盐水泥技术要求及应用

### （一）硅酸盐水泥的生产简介

生产硅酸盐水泥的原料主要是石灰质原料和黏土质原料，为满足成分的要求还常用校正原料。

**1.石灰质原料**

石灰质原料是以 CaO 为主要成分的石灰石、泥灰岩等，多用石灰石。

**2.黏土质原料**

黏土质原料是以 $SiO_2$、$Al_2O_3$ 及少量 $Fe_2O_3$ 为主要成分黏土、黄土、页岩、泥岩等，以黏土和黄土应用最广。

**3.校正原料**

用铁矿粉等铁质原料补充氧化铁的含量，用砂岩、粉砂岩等硅质校正原料补充 $SiO_2$。

常把硅酸盐水泥的生产技术简称为两磨一烧，生产水泥时先把几种原料按适当的比例混合后，在球磨机中磨成生料，然后将制得的生料在回转窑或立窑内经 1 350~1 450 ℃高温燃烧，再把烧好的熟料和适当的石膏及混合材料混合，在球磨机中磨细，就得到水泥。

水泥生料的配合比例不同，直接影响水泥熟料的矿物成分比例和主要建筑技术性能，硅酸盐水泥生料在窑内的燃烧过程，是保证水泥熟料质量的关键。

水泥生料的燃烧，在达到 1 000 ℃时各种原料完全分解出水泥中的有用成分，主要是氧化钙、二氧化硅、三氧化二铝、三氧化二铁，其中：

800 ℃左右时少量分解出的氧化物已开始发生固相反应，生成铝酸一钙、少量的铁酸二钙及硅酸二钙。

900~1 100 ℃温度范围内铝酸三钙和铁铝酸四钙开始生成。

1 100~1 200 ℃温度范围内大量生成铝酸三钙和铁铝酸四钙，硅酸二钙生成量最大。

1 300~1 450 ℃温度范围内铝酸三钙和铁铝酸四钙呈熔融状态，并把氧化钙及部分硅酸二钙溶解于其中，在此液相中，硅酸二钙吸收氧化钙化合成硅酸三钙。这是煅烧水泥的关键，必须停留足够的时间，使原料中游离的氧化钙被吸收，以保证水泥熟料的质量。

烧成的水泥熟料经过迅速冷却，即得到水泥熟料块。

## （二）硅酸盐水泥熟料的矿物组成及其特性

硅酸盐水泥熟料的矿物组成及其含量见表3-1。

表3-1　硅酸盐水泥熟料的矿物组成及其含量

| 化合物名称 | 氧化物成分 | 缩写符号 | 含量 |
| --- | --- | --- | --- |
| 硅酸三钙 | $3CaO \cdot SiO_2$ | $C_3S$ | 37%~60% |
| 硅酸二钙 | $2CaO \cdot SiO_2$ | $C_2S$ | 15%~37% |
| 铝酸三钙 | $3CaO \cdot Al_2O_3$ | $C_3A$ | 7%~15% |
| 铁铝酸四钙 | $4CaO \cdot Al_2O_3 \cdot Fe_2O_3$ | $C_4AF$ | 10%~18% |

硅酸盐水泥熟料的成分中，除表3-1列出的主要化合物外，还有少量游离氧化钙和游离氧化镁等。

水泥熟料是由各种不同特性的矿物所组成的混合物。因此，改变熟料矿物成分之间的比例，水泥的性质会发生相应的变化，如提高硅酸三钙的含量，可制成高强水泥；降低铝酸三钙、硅酸三钙含量，可制成水化热低的大坝水泥等。

## （三）硅酸盐水泥的水化、凝结与硬化

水泥用适量的水调和后，最初形成具有可塑性的浆体，随着时间的增

长，失去可塑性（但尚无强度），这一过程称为初凝，开始具有强度时称为终凝。由初凝到终凝的过程称为水泥的凝结。此后，产生明显的强度并逐渐发展成为坚硬的水泥石，这一过程称为水泥的硬化。水泥石的凝结和硬化是人为划分的，实际上是一个连续、复杂的物理化学变化过程，这些变化决定了水泥石的某些性质，对水泥的应用有着重要的意义。

**1. 硅酸盐水泥的水化、凝结和硬化过程**

水泥和水拌和后，水泥颗粒被水包围，表面的熟料矿物立刻与水发生化学反应生成了一系列新的化合物，并放出一定的热量。其反应式如下：

$$2(3CaO \cdot SiO_2)+2H_2O = 3CaO \cdot 2SiO_2 \cdot 3H_2O+3Ca(OH)_2$$

$$2(2CaO \cdot SiO_2)+4H_2O = 3CaO \cdot 2SiO_2 \cdot 3H_2O+Ca(OH)_2$$

$$3CaO \cdot Al_2O_3+6H_2O = 3CaO \cdot Al_2O_3 \cdot 6H_2O$$

$$4CaO \cdot Al_2O_3 \cdot Fe_2O_3+7H_2O = 3CaO \cdot Al_2O_3 \cdot 6H_2O+CaO \cdot Fe_2O_3+H_2O$$

为了调节水泥的凝结时间，在熟料磨细时应掺加适量（3%左右）石膏，这些石膏与部分水化铝酸钙反应，生成难溶的水化硫铝酸钙的针状晶体。它包裹在水泥颗粒表面形成保护膜，从而延缓了水泥的凝结时间。

由此可见，硅酸盐水泥与水作用后，生成的主要水化产物有水化硅酸钙、水化铁酸钙凝胶体、水化铝酸钙、氢氧化钙和水化硫铝酸钙晶体。在完全水化的水泥石中，水化硅酸钙约占 70%，氢氧化钙约占 25%。

当水泥加水拌和后，在水泥颗粒表面即发生化学反应，生成的水化产物聚集在颗粒表面形成凝胶薄膜，它使水化反应减慢。表面形成的凝胶薄膜使水泥浆具有可塑性，由于生成的胶体状水化产物在某些点接触，构成疏松的网状结构时，使浆体失去流动性和部分可塑性，这时为初凝。之后，由于薄膜的破裂，水泥与水又迅速广泛地接触，反应继续加速，生成水化硅酸钙凝胶、氢氧化钙和水化硫铝酸钙晶体等水化产物，它们相互接触连生，到一定程度，浆体完全失去可塑性，建立起充满全部间隙的紧密的网状结构，并在网状结构内部不断充实水化产物，使水泥具有一定的强度，这时为终凝。当水泥颗粒表面重新为水化产物所包裹，水化产物层的厚度和致密程度不断增加，水泥浆体趋于硬化，形成具有较高强度的水泥石。硬化水泥石是由凝胶、晶体、毛细孔和未水化的水泥熟料颗粒所组成的。

由此可见，水泥的水化和硬化过程是一个连续的过程。水化是水泥产生凝结硬化的前提，而凝结硬化是水泥水化的结果。凝结和硬化又是同一过程的不同阶段，凝结标志着水泥浆失去流动性而具有一定的塑性强度，硬化则表示水泥浆固化后所建立的网状结构具有一定的机械强度。

**2. 影响硅酸盐水泥凝结硬化的主要因素**

（1）熟料矿物组成的影响。

硅酸盐水泥熟料矿物组成是影响水泥的水化速度、凝结硬化过程及强度等的主要因素。

硅酸三钙（$C_3S$）、硅酸二钙（$C_2S$）、铝酸三钙（$C_3A$）和铁铝酸四钙（$C_4AF$）四种主要熟料矿物中，$C_3A$ 是决定性因素，是强度的主要来源。改变熟料中矿物组成的相对含量，即可配制成具有不同特性的硅酸盐水泥。提高 $C_3S$ 的含量，可制得快硬高强水泥；减少 $C_3A$ 和 $C_3S$ 的含量，提高 $C_2S$ 的含量，可制得水化热低的低热水泥；降低 $C_3A$ 的含量，适当提高 $C_4AF$ 的含量，可制得耐硫酸盐水泥。

（2）水泥细度的影响。

水泥的细度即水泥颗粒的粗细程度。水泥越细，凝结速度越快，早期强度越高。但过细时，易与空气中的水分及二氧化碳反应而降低活性，并且硬化时收缩也较大，且成本高。因此，水泥的细度应适当。

（3）石膏的掺量。

水泥中掺入石膏，可调节水泥凝结硬化的速度。掺入少量石膏，可延缓水泥浆体的凝结硬化速度，但石膏掺量不能过多，过多的石膏不仅缓凝作用不大，还会引起水泥安定性不良。一般掺量占水泥质量的 3%~5%，具体掺量需通过试验确定。

（4）养护湿度和温度的影响。

①湿度。应保持潮湿状态，保证水泥水化所需的化学用水。混凝土在浇筑后两到三周内必须加强洒水养护。

②温度。提高温度可以加速水化反应，如采用蒸汽养护和蒸压养护。冬季施工时，须采取保温措施。

（5）养护龄期的影响。

水泥水化硬化是一个较长时期不断进行的过程，随着龄期的增长，水泥石的强度逐渐提高。水泥在 3~14 d 内强度增长较快，28 d 后增长缓慢。水泥强度的增长可延续几年，甚至几十年。

## （四）硅酸盐水泥的技术性质

### 1. 细度

细度是指水泥颗粒的粗细程度。同样成分的水泥，颗粒越细，与水接触的表面积越大，因而水化较迅速，凝结硬化快，早期强度高。但颗粒过细，硬化的体积收缩较大，易产生裂缝，储存期间容易吸收水分和二氧化碳而失去活性。另外，颗粒细则粉磨过程中的能耗大，水泥成本提高，因此细度应适宜。硅酸盐水泥的细度以比表面积（比表面积是指单位质量水泥颗粒的总表面积）表示，不小于 300 m²/kg。

### 2. 标准稠度用水量

在进行水泥的凝结时间、体积安定性测定时，要求必须采用标准稠度的水泥净浆来测定。标准稠度用水量是指水泥拌制成标准稠度时所需的用水量，以占水泥质量的百分数表示，用标准维卡仪测定。不同的水泥品种，水泥的标准稠度用水量各不相同，一般为 24%~33%。

水泥的标准稠度用水量主要取决于熟料矿物的组成、混合材料的种类及水泥的细度。

### 3. 凝结时间

水泥的凝结时间是指水泥从加水开始到失去流动性所需的时间，分为初凝和终凝。初凝时间为水泥从开始加水拌和起到水泥浆开始失去可塑性为止所需的时间；终凝时间为水泥从开始加水拌和起至水泥浆完全失去可塑性并开始产生强度所需的时间。

水泥的凝结时间在施工中具有重要意义。

水泥的初凝时间不宜过早，以便在施工时有足够的时间完成混凝土的搅拌、运输、浇捣和砌筑等操作；水泥的终凝时间不宜过迟，以免拖延施工工期。硅酸盐水泥初凝时间不得早于 45 min，终凝时间不得迟于 390 min。

### 4. 体积安定性

水泥的体积安定性是指水泥在凝结硬化过程中水泥体积变化的均匀性。如果水泥凝结硬化后体积变化不均匀，水泥混凝土构件将产生膨胀性裂缝，降低建筑物质量，甚至引起严重事故，这就是水泥的体积安定性不良。体积安定性不良的水泥做废品处理，不能用于工程中。

引起水泥体积安定性不良的原因，一般是熟料中含有过量的游离氧化钙（f-CaO）、游离氧化镁（f-MgO）或三氧化硫（$SO_3$），或者粉磨时掺入的石膏过瓦熟料中所含的 f-CaO 和 f-MgO 都是过烧的，熟化很慢，它们在水泥凝结硬化后才慢慢熟化：

$$CaO + H_2O = Ca(OH)_2$$
$$MgO + H_2O = Mg(OH)_2$$

熟化过程中产生体积膨胀，使水泥石开裂。过量的石膏掺入将与已固化的水化铝酸钙作用生成水化硫铝酸钙晶体，产生体积膨胀，造成已硬化的水泥石开裂。

由 f-CaO 引起的体积安定性不良可采用沸煮法检验。国家标准《通用硅酸盐水泥》（GB 175—2020）规定，通用硅酸盐水泥的安定性需经沸煮法检验合格。同时规定，硅酸盐水泥中游离氧化镁含量不得超过 5.0%，三氧化硫含量不得超过 3.5%。如果水泥压蒸试验合格，则水泥中氧化镁的含量（质量分数）允许放宽至 6.0%。

### 5. 强度

水泥强度是表示水泥力学性能的重要指标，水泥的强度除了与水泥本身的性质（矿物组成、细度）有关外，还与水灰比、试件制作方法、养护条件和养护时间有关。

国家标准《水泥胶砂强度检验方法》规定，以水泥和标准砂为 1 : 3，水灰比为 0.5 的配合比，用标准方法制成 40 mm × 40 mm × 160 mm 棱柱体标准试件，在标准条件下养护，测定其达到规定龄期的抗折强度和抗压强度。

为提高水泥的早期强度，现行标准将水泥分为普通型和早强型（R 型）两个型号。硅酸盐水泥按照 3 d、28 d 的抗压强度、抗折强度，分为 42.5、42.5R、52.5、52.5R、62.5、62.5R 六个强度等级。

### 6. 水化热

水泥在水化过程中所放出的热量，称为水泥的水化热。大部分水化热是在水化初期（7 d）放出的，以后则逐渐减少。水泥水化热的大小首先取决于水泥熟料的矿物组成和细度。冬季施工时，水化热有利于水泥的正常凝结硬化。但对大体积混凝土工程，如大型基础、大坝、桥墩等，水化热大是不利的，可使混凝土产生裂缝。因此对大体积混凝土工程，应采用水化热较低的水泥，如中热水泥、低热矿渣水泥等。

### 7.密度与堆积密度

硅酸盐水泥的密度一般为 3.0~3.2 g/cm³，通常采用 3.1 g/cm³。硅酸盐水泥的堆积密度除与矿物组成及细度有关外，主要取决于水泥堆积时的紧密程度。在配制混凝土和砂浆时，水泥堆积密度可取 1 200~1 300 kg/m³。

国家标准除对上述内容做了规定外，还对水泥中不溶物、烧失量、碱含量、氯离子含量提出了要求。Ⅰ型硅酸盐水泥中不溶物含量不得超过 0.75%，Ⅱ型硅酸盐水泥中不溶物含量不得超过 1.5%。Ⅰ型硅酸盐水泥烧失量不得超过 3.0%，Ⅱ型硅酸盐水泥烧失量不得超过 3.5%。水泥中碱含量按 $Na_2O+0.658K_2O$ 计算值表示。若使用活性骨料，用户要求提供低碱水泥时，水泥中的碱含量应不大于 0.60% 或由买卖双方协商确定。水泥中氯离子含量不得超过 0.06%。

国家标准《通用硅酸盐水泥》（GB 175—2020）规定：通用硅酸盐水泥凡凝结时间、强度、体积安定性、三氧化硫、游离态氧化镁、氯离子、不溶物、烧失量等指标中任一项不符合规定的，为不合格品。

## 二、掺混合材料的硅酸盐水泥及应用

### （一）混合材料

在硅酸盐水泥磨细的过程中，常掺入一些天然或人工合成的矿物材料、工业废渣，称为混合材料。

掺混合材料的目的是改善水泥的某些性能、调整水泥强度、增加水泥品种、扩大水泥的使用范围、综合利用工业废料、节约能源、降低水泥成本等。

混合材料按其掺入水泥后的作用可分为两大类，即活性混合材料和非活性混合材料。

### 1.活性混合材料

活性混合材料掺入硅酸盐水泥后，能与水泥水化产物中的氢氧化钙起化学反应，生成水硬性胶凝材料，凝结硬化后具有很高强度并能改善硅酸盐水泥的某些性质，这种混合材料称为活性混合材料。常用的有粒化高炉矿渣、火山灰、粉煤灰等。

### 2.非活性混合材料

不具活性或活性很低的人工或天然的矿物质材料称为非活性混合材料。这类材料与水泥成分不起化学作用，或者化学反应很微小。它的掺入仅能起调节水泥强度等级、增加水泥产量、降低水化热等作用。实质上，非活性混合材料在水泥中仅起填充料的作用，所以又称为填充性混合材料。这类材料有磨细石英砂、石灰石、黏土、慢冷矿渣及各种废渣等。

## （二）掺混合材料硅酸盐水泥的种类

### 1.普通硅酸盐水泥

国家标准《通用硅酸盐水泥》（GB 175—2020）规定，普通硅酸盐水泥中活性混合材料掺加量应大于 5% 且不大于 20%，其中允许用不超过水泥质量 8% 的非活性混合材料或不超过水泥质量 5% 的窑灰代替。普通硅酸盐水泥代号 P.O。

### 2.矿渣硅酸盐水泥

国家标准《通用硅酸盐水泥》（GB 175—2020）规定，矿渣硅酸盐水泥中矿渣掺加量应大于 20% 且不大于 70%，其中允许用石灰石、窑灰、粉煤灰和火山灰质混合材料中的一种材料代替炉渣，代替数量不得超过水泥质量的 8%。矿渣硅酸盐水泥分为 A 型和 B 型。A 型矿渣掺量大于 20% 且不大于 50%，代号 P.S.A；B 型矿渣掺量大于 50% 且不大于 70%，代号 P.S.B。

### 3.火山灰质硅酸盐水泥

国家标准《通用硅酸盐水泥》（GB 175—2020）规定，火山灰质硅酸盐水泥中火山灰混合材料掺量应大于20%且不大于40%，代号P.P。

### 4.粉煤灰硅酸盐水泥

国家标准《通用硅酸盐水泥》（GR 175—2020）规定，粉煤灰硅酸盐水泥中粉煤灰掺量应大于20%且不大于40%，代号P.F。

### 5.复合硅酸盐水泥

国家标准《通用硅酸盐水泥》（GB 175—2020）规定，复合硅酸盐水泥中掺入两种或两种以上规定的混合材料，且混合材料掺量应大于20%且不大于50%，代号P.C。

## （三）掺混合材料硅酸盐水泥的技术要求

### 1.强度等级与强度

国家标准《通用硅酸盐水泥》（GB 175—2020）规定，普通硅酸盐水泥的强度等级分为42.5、42.5R、52.5、52.5R四个等级。矿渣硅酸盐水泥、火山灰质硅酸盐水泥、粉煤灰硅酸盐水泥、复合硅酸盐水泥的强度等级分为32.5、32.5R、42.5、42.5R、52.5、52.5R六个等级。

### 2.细度

国家标准《通用硅酸盐水泥》（GB 175—2020）规定，普通硅酸盐水泥的细度以比表面积表示，不小于300 m²/kg；矿渣硅酸盐水泥、火山灰质硅酸盐水泥、粉煤灰硅酸盐水泥、复合硅酸盐水泥的细度以筛余表示，80 μm方孔筛筛余不大于10%或45 μm方孔筛筛余不大于30%。

### 3.凝结时间

国家标准《通用硅酸盐水泥》（GB 175—2020）规定，普通硅酸盐水泥、矿渣硅酸盐水泥、火山灰质硅酸盐水泥、粉煤灰硅酸盐水泥、复合硅酸盐水泥初凝时间不小于45 min，终凝时间不大于600 min。

### 4.体积安定性

国家标准《通用硅酸盐水泥》（GB 175—2020）规定，普通硅酸盐水泥中三氧化硫含量不得超过 3.5%。游离态氧化镁含量不得超过 5.0%，如果水泥压蒸试验合格，则水泥中氧化镁的含量允许放宽至 6.0%。

矿渣硅酸盐水泥中三氧化硫含量不得超过 4.0%。P.S.A 型矿渣硅酸盐水泥中游离态氧化镁含量不得超过 6.0%，如果水泥中氧化镁的含量大于 6.0% 时，需进行压蒸安定性试验并合格。

火山灰质硅酸盐水泥、粉煤灰硅酸盐水泥、复合硅酸盐水泥中三氧化硫含量不得超过 3.5%，游离态氧化镁含量不得超过 6.0%，如果水泥中氧化镁的含量大于 6.0% 时，需进行压蒸安定性试验并合格。

## （四）掺混合材料硅酸盐水泥的性质

### 1.普通硅酸盐水泥

普通硅酸盐水泥的组成为硅酸盐水泥熟料、适量石膏及少量的混合材料，故其性质介于硅酸盐水泥和其他四种水泥之间，更接近硅酸盐水泥。与硅酸盐水泥相比，普通硅酸盐水泥的具体表现如下：

（1）早期强度略低。

（2）水化热略低。

（3）耐腐蚀性略有提高。

（4）耐热性稍好。

（5）抗冻性、耐磨性、抗碳化性略有降低。

普通硅酸盐水泥的应用与硅酸盐水泥基本相同，但在一些硅酸盐水泥不能使用的地方可使用普通硅酸盐水泥，使得普通硅酸盐水泥成为建筑行业应用最广、使用量最大的水泥品种。

### 2.矿渣硅酸盐水泥、火山灰质硅酸盐水泥和粉煤灰硅酸盐水泥

这三种水泥与硅酸盐水泥或普通硅酸盐水泥相比，有其共同的特性：

（1）凝结硬化速度较慢，早期强度较低，但后期强度增长较多，甚至超过同强度等级的硅酸盐水泥。

（2）水泥放热速度慢，放热量较低。

（3）对温度的敏感性较高，温度低时硬化慢，温度高时硬化快。

（4）抵抗软水及硫酸盐介质的侵蚀能力较强。

（5）抗冻性比较差。

此外，这三种水泥也各有不同的特点。如矿渣硅酸盐水泥和火山灰质硅酸盐水泥的干缩大，粉煤灰硅酸盐水泥干缩小；火山灰质硅酸盐水泥抗渗性较高，但在干燥的环境中易产生裂缝，并使已经硬化的表面产生"起粉"现象；矿渣硅酸盐水泥的耐热性较好，保持水分的能力较差，泌水性较大。

这三种水泥除能用于地上外，特别适用于地下或水中的一般混凝土和大体积混凝土结构以及蒸汽养护的混凝土构件，也适用于受一般硫酸盐侵蚀的混凝土工程。

### 3.复合硅酸盐水泥

复合硅酸盐水泥与矿渣硅酸盐水泥、火山灰质硅酸盐水泥和粉煤灰硅酸盐水泥相比，掺混合材料的种类不是一种而是两种或两种以上，多种材料互掺，可弥补一种混合材料性能的不足，明显改善水泥的性能，使用范围更广。

## 三、通用硅酸盐水泥的应用

### （一）水泥强度等级的选用

选用水泥强度等级时，应与工程设计强度等级相适应。一般的混凝土（如垫层）的水泥强度等级不得低于 32.5；用于一般钢筋混凝土的水泥强度等级不得低于 32.5R；用于预应力混凝土、有抗冻要求的混凝土、大跨度重要结构工程的混凝土等的水泥强度等级不得低于 42.5R。

一般来说，低强度等级的混凝土（C20 以下）所用水泥强度等级应为混凝土强度等级的 2 倍；中等强度等级的混凝土（C20~C40）所用水泥强度等级为混凝土强度等级的 1.5~2.0 倍；强度等级高的混凝土（C40 以上）所用水泥强度等级应为混凝土强度等级的 0.9~1.0 倍。

## （二）包装、标志、贮存

### 1. 包装

水泥可以袋装和散装，袋装水泥每袋净含量 50 kg，且不少于标志质量的 99%，随机抽取 20 袋总质量（含包装袋）不得少于 1 000 kg。其他包装形式由供需双方协商确定，但有关袋装质量要求必须符合上述原则。水泥包装袋应符合《水泥包装袋》（GB 9774—2020）的规定。

### 2. 标志

水泥包装袋上应清楚标明执行标准、水泥品种、代号、强度等级、生产者名称、生产许可证标志（QS）及编号、出厂编号、包装日期、净含量。包装袋两侧应根据水泥的品种采用不同的颜色印刷水泥名称和强度等级，硅酸盐水泥和普通硅酸盐水泥用红色；矿渣硅酸盐水泥用绿色，火山灰质硅酸盐水泥、粉煤灰硅酸盐水泥和复合硅酸盐水泥用黑色。

散装发运时应提交与袋装标志相同内容的卡片。

### 3. 贮存

水泥很容易吸收空气中的水分，在贮存和运输中应注意防水、防潮；贮存水泥要有专用仓库，库房应有防潮、防漏措施，存入袋装水泥时，地面垫板要离地 300 mm，四周离墙 300 mm。一般不可露天堆放，确因受库房限制需库外堆放时，也必须做到上盖下垫。散装水泥必须盛放在密闭库房或容器内，要按不同品种、标号及出厂日期分别存放。袋装水泥堆放高度一般不应超过 10 袋，以免造成底层水泥纸袋破损而受潮变质和污染损失。

水泥库存期规定为 3 个月（自出厂日期算起），超过库存期水泥强度下降，使用时应重新鉴定强度等级，按鉴定后的强度等级使用。所以贮存和使用水泥应注意先入库的先用。

### （三）水泥石的腐蚀与防治

#### 1. 水泥石的腐蚀

硅酸盐水泥在硬化后，在通常使用条件下耐久性较好。但在某些腐蚀性介质中，水泥石结构会逐渐受到破坏，强度会降低，甚至引起整个结构破坏，这种现象称为水泥石的腐蚀。

引起水泥石腐蚀的原因很多，现象也很复杂，几种常见的腐蚀现象如下：

（1）溶解腐蚀。

水泥石中的 $Ca(OH)_2$ 能溶解于水。若处于流动的淡水（如雨水、雪水、河水、湖水）中，$Ca(OH)_2$ 不断溶解流失，同时，石灰浓度降低会引起其他水化物的分解溶蚀，孔隙增大，水泥石结构遭到进一步的破坏，这种现象称为溶解腐蚀，也称为溶析。

（2）化学腐蚀。

水泥石在腐蚀性液体或气体作用下，会生成新的化合物。这些化合物强度较低，或易溶于水，或无胶凝能力，因此使水泥石强度降低，或使水泥石结构遭到破坏。

根据腐蚀介质的不同，化学腐蚀又可分为盐类腐蚀、酸类腐蚀和强碱腐蚀三种。

①盐类腐蚀。

盐类腐蚀主要有硫酸盐腐蚀和镁盐腐蚀两种。硫酸盐腐蚀是海水、湖水、盐沼水、地下水及某些工业污水含有的钠、钾、铵等的硫酸盐与水泥石中的氢氧化钙反应生成硫酸钙，硫酸钙又与水泥石中的固态水化铝酸钙反应生成含水硫铝酸钙，含水硫铝酸钙中含有大量结晶水，比原有体积增加 1.5 倍以上，对已经固化的水泥石有极大的破坏作用。含水硫铝酸钙呈针状晶体，俗称为"水泥杆菌"。

当水中硫酸盐的浓度较高时，硫酸钙将在孔隙中直接结晶成二水石膏，使水泥石体积膨胀，从而导致水泥石破坏。

镁盐的腐蚀主要是海水或地下水中的硫酸镁和氧化镁与水泥石中的氢氧化钙反应，生成松软而无胶凝能力的氢氧化镁、易溶于水的氯化钙及由于体积膨胀导致水泥石破坏的二水石膏，反应式为

$$MgSO_4+Ca(OH)_2+2H_2O \longrightarrow CaSO_4 \cdot 2H_2O+Mg(OH)_2$$

$$MgCl_2+Ca(OH)_2 \longrightarrow CaCl_2+Mg(OH)_2$$

②酸类腐蚀。

碳酸腐蚀。在工业污水、地下水中常溶解有较多的二氧化碳，二氧化碳与水泥石中的氧化钙反应生成碳酸钙，碳酸钙继续与溶在水中的二氧化碳反应，生成易溶于水的重碳酸钙，因而使水泥石中的氢氧化钙溶失，导致水泥石破坏。反应式为

$$Ca(OH)_2+CO_2 \longrightarrow CaCO_3 \downarrow +H_2O$$

$$CaCO_3+CO_2+H_2O \longrightarrow Ca(HCO_3)_2$$

由于氢氧化钙浓度降低，会导致水泥中的其他水化产物的分解，使腐蚀作用进一步加剧。以上腐蚀称为碳酸腐蚀。

其他酸腐蚀（$HCl$、$H_2SO_4$）。其他酸的腐蚀是指工业废水、地下水、沼泽水中含有的无机酸或有机酸与水泥石中的氢氧化钙反应，生成易溶于水或体积膨胀的化合物，因而导致水泥石的破坏。如盐酸和硫酸分别与水泥石中氢氧化钙作用，其反应式如下：

$$2HCl+Ca(OH)_2 \longrightarrow CaCl_2+2H_2O$$

$$H_2SO_4+Ca(OH)_2 \longrightarrow CaSO_4 \cdot 2H_2O$$

③强碱腐蚀。

浓度不大的碱类溶液对水泥石一般是无害的，但铝酸盐含量较高的硅酸盐水泥遇到强碱（如氢氧化钠）作用时，会生成易溶的铝酸钠。如果水泥石被氢氧化钠溶液浸透后又在空气中干燥，则氢氧化钠与空气中的二氧化碳会作用生成碳酸钠。碳酸钠在水泥石的毛细孔中结晶沉积，可导致水泥石的胀裂破坏。

**2.水泥石腐蚀的防治**

（1）发生腐蚀的原因。

水泥石的腐蚀过程是一个复杂的物理化学过程，它在遭受腐蚀作用时往往是几种腐蚀同时存在，互相影响。

发生水泥腐蚀的基本原因，一是水泥石中存在引起腐蚀的氢氧化钙和水化铝酸钙；二是水泥石本身不密实，有很多毛细孔通道，侵蚀性介质容易进入其内部。

（2）相应的防治措施。

①根据腐蚀环境的特点，合理地选用水泥品种。

例如采用水化产物中的氢氧化钙含量较少的水泥，可提高抵抗淡水等侵蚀作用的能力；采用铝酸三钙含量低于5%的抗硫酸盐水泥，可提高抵抗硫酸盐腐蚀的能力。

②提高水泥石的密实度。

由于水泥石水化时实际用水量是理论需水量的2~3倍。多余的水蒸发后形成毛细管通道，腐蚀介质容易渗入水泥石内部，造成水泥石的腐蚀。在实际工程中，可采取合理设计混凝土配合比、降低水灰比、正确选择骨料、掺外加剂、改善施工方法等措施，提高混凝土或砂浆的密实度。

另外，也可在混凝土或砂浆表面进行碳化处理，使表面生成难溶的碳酸钙外壳，以提高密实度。

③加做保护层。

当水泥制品所处环境腐蚀性较强时，可用耐酸石、耐酸陶瓷、塑料、沥青等，在混凝土或砂浆表面做一层耐腐蚀性强而且不透水的保护层。

# 四、其他品种水泥技术要求及应用

## （一）快硬硅酸盐水泥

国家标准《快硬硅酸盐水泥》（GB 199—90）规定，凡以硅酸盐水泥熟料和适量石膏磨细制成的，以 3 d 抗压强度表示强度等级的水硬性胶凝材料，称快硬硅酸盐水泥（简称快硬水泥）。

熟料中氧化镁含量不得超过 5.0%。如水泥压蒸性试验合格，则熟料中氧化镁的含量允许放宽到 6.0%。

水泥中三氧化硫的含量不得超过 10%。

体积安定性要求沸煮法检验合格。

快硬水泥有几个显著的特点：凝结硬化快，早期强度高；抗低温性能较好；抗冻性好；与钢筋黏结力好，对钢筋无侵蚀作用；抗硫酸侵蚀性优于普通水泥，抗渗性、耐磨性也较好。

由于以上特点，此种水泥适用于配制早强、高强度混凝土，适用于紧急抢修工程、低温施工工程和高强度混凝土预制件等。

一般水泥在凝结硬化过程中都会产生一定的收缩，使水泥混凝土出现裂纹，影响混凝土的强度及其他许多性能。而膨胀水泥则克服了这一弱点，在硬化过程中能够产生一定的膨胀，增加水泥石的密实度，消除由收缩带来的不利影响。膨胀水泥比一般水泥多了一种膨胀组分，在凝结硬化过程中，膨胀组分使水泥产生一定量的膨胀值。常用的膨胀组分是在水化后能形成膨胀生物（即水化硫铝酸钙）的材料。

按膨胀值大小，可将膨胀水泥分为膨胀水泥和自应力水泥两大类。膨胀水泥的膨胀率较小，主要用于补偿水泥在凝结硬化过程中产生的收缩，因此又称为无收缩水泥或收缩补偿水泥；自应力水泥的膨胀值较大，在限制膨胀的条件下（如配有钢筋时），水泥石的膨胀作用使混凝土受到压应力，从而达到了预应力的作用，同时还增加了钢筋的握裹力。

常用的膨胀水泥及主要用途如下。

**1.硅酸盐膨胀水泥**

硅酸盐膨胀水泥主要用于制造防水层和防水混凝土，加固结构、浇筑机器底座或固结地脚螺栓，并可用于接缝及修补工程，但禁止在有硫酸盐侵蚀的水中工程中使用。

**2.低热微膨胀水泥**

低热微膨胀水泥主要用于要求较低水化热和要求补偿收缩的混凝土及大体积混凝土，也适用于要求抗掺和抗硫酸侵蚀的工程。

**3.膨胀硫铝酸盐水泥**

膨胀硫铝酸盐水泥主要用于配制节点、抗掺和补偿收缩的混凝土工程。

**4.自应力水泥**

自应力水泥主要用于自应力钢筋混凝土压力管及其配件。

此外，还有多种膨胀水泥。

## （二）白色硅酸盐水泥

国家标准《白色硅酸盐水泥》（GB/T 2015—2017）规定，由氧化铁含量少的硅酸盐水泥熟料、适量石膏及规定的混合材料，磨细制成的水硬性胶凝材料称为白色硅酸盐水泥（简称"白水泥"）。代号 P.W。白色硅酸盐水泥熟料中三氧化硫的含量应不超过 3.5%，氧化镁的含量不宜超过 5.0%。如果水泥经压蒸安定性试验合格，则熟料中氧化镁的含量允许放宽到 6.0%。

为了保证白色硅酸盐水泥的白度，在煅烧和磨细时应防止着色物质混入。一般在燃烧时常采用天然气、煤气或重油作为燃料，磨细时在球磨机中用硅质石材或坚硬的白色陶瓷作为衬板和研磨体，磨细时还可以加入 10%~15% 的白色混合材料。

白色硅酸盐水泥的细度要求 80 μm 方孔筛筛余应不超过 10%。

凝结时间要求初凝不早于 45 min，终凝不迟于 10 h。

体积安定性要求用沸煮法检验合格。

白色硅酸盐水泥的白度值应不低于 87。

用白色硅酸盐水泥熟料、石膏和耐碱矿物颜料共同磨细，可制成彩色硅酸盐水泥。白色和彩色硅酸盐水泥主要用于建筑物装饰工程，可做成水泥拉毛、彩色砂浆、水磨石、水刷石、斩假石等饰面，也可用于雕塑及装饰构件或制品。使用白色或彩色硅酸盐水泥时，应以彩色大理石、石灰石、白云石等彩色石子或石屑和石英砂作为粗细骨料。制作方法可以预制，也可以在工程的要求部位现制。

## （三）中热硅酸盐水泥、低热硅酸盐水泥和低热矿渣硅酸盐水泥

### 1.中热硅酸盐水泥

以适当成分的硅酸盐水泥熟料，加入适量石膏，磨细制成的具有中等水化热的水硬性胶凝材料，称为中热硅酸盐水泥，简称中热水泥，代号 P.MH。熟料中的硅酸三钙的含量应不超过 55%，铝酸三钙的含量应不超过 6%，游离氧化钙的含量应不超过 1.0%。

### 2.低热硅酸盐水泥

以适当成分的硅酸盐水泥熟料，加入适量石膏，磨细制成的具有低水化热的水硬性胶凝材料，称为低热硅酸盐水泥，简称低热水泥，代号

P.LH。熟料中的硅酸二钙的含量应不超过 6%，游离氧化钙的含量应不超过 1.0%。

**3.低热矿渣硅酸盐水泥**

以适当成分的硅酸盐水泥熟料，加入矿渣、适量石膏，磨细制成的具有低水化热的水性胶凝材料，称为低热矿渣硅酸盐水泥，简称低热矿渣水泥，代号 P.SLHO。熟料中的铝酸三钙的含量应不超过 8%，游离氧化钙的含量应不超过 1.2%，氧化镁的含量不宜超过 5.0%；如果水泥经压蒸安定性试验合格，则熟料中氧化镁的含量允许放宽到 6.0%。

中热水泥和低热水泥强度等级为 42.5；低热矿渣水泥强度等级为 32.5。上述三种水泥主要适用于要求水化热低的大坝和大体积混凝土工程。

## （四）铝酸盐水泥

国家标准《铝酸盐水泥》（GB 201—2020）规定，凡以铝酸钙为主的铝酸盐水泥熟料磨细制成的水硬性胶凝材料，称为铝酸盐水泥，代号 CA。铝酸盐水泥常为黄色或褐色，也有呈灰色的。铝酸盐水泥的主要矿物成分为铝酸一钙（$CaO \cdot Al_2O_3$，简写 CA）和其他的铝酸盐以及少量的硅酸二钙（$2CaO \cdot SiO_2$）等。

铝酸盐水泥的密度和堆积密度与普通硅酸盐水泥相近。其细度为比表面积不小于 300 $m^2/kg$ 或 0.045 mm，筛余不大于 20%。铝酸盐水泥按氧化铝含量分为 CA-50，CA-60，CA-70，CA-80 四种类型，凝结时间为 CA-50，CA-70，CA-80 的胶砂初凝时间不得早于 30 min，终凝时间不得迟于 6 h；CA-60 的胶砂初凝时间不得早于 60 min，终凝时间不得迟于 18 h。

铝酸盐水泥凝结硬化速度快，1 d 强度可达最高强度的 80% 以上，主要用于工期紧急的工程，如国防、道路和特殊抢修工程等。

铝酸盐水泥水化热大，且放热量集中，1 d内放出的水化热为总量的70%~80%，使混凝土内部温度上升较高，即使在 –10 ℃下施工，铝酸盐水泥也能很快凝结硬化，可用于冬季施工的工程。

铝酸盐水泥在普通硬化条件下，由于水泥石中不含铝酸三钙和氢氧化钙，且密实度较大，因此具有很强的抗硫酸盐腐蚀作用。

铝酸盐水泥具有较高的耐热性，如采用耐火粗细骨料（如铬铁矿等）可制成使用温度1 300~1 400 ℃的耐热混凝土。

另外，铝酸盐水泥与硅酸盐水泥或石灰相混不但产生闪凝，而且由于生成高碱性的水化铝酸钙，使混凝土开裂，甚至破坏。因此施工时除不得与石灰或硅酸盐水泥混合外，也不得与未硬化的硅酸盐水泥接触使用。

# 第三节　混凝土材料

## 一、混凝土的理论知识

### （一）混凝土拌合物和易性

#### 1.和易性概念

混凝土和易性主要包括流动性、黏聚性和保水性三方面的内容。一般来讲，和易性良好的混凝土拌合物易于施工操作（搅拌、运输、浇筑、捣实），成型后混凝土具有密实、质量均匀、不离析、不泌水的性能。

（1）流动性。

混凝土拌合物在自重或外力作用下（施工机械振捣），能产生流动，并均匀密实地填满模板的性能。流动性的大小取决于拌合物中用水量或水泥浆含量的多少。

（2）黏聚性。

　　混凝土拌合物在施工过程中其组成材料之间有一定的黏聚力，不致产生分层和离析的性能。黏聚性的大小主要取决于细骨料的用量以及水泥浆的稠度。分层现象是混凝土拌合物中粗骨料下沉，砂浆或水泥浆上浮，影响混凝土垂直方面的均匀性。离析现象是混凝土拌合物在运动过程中（泵送、浇筑、振捣），骨料、浆体的运动速度不同，导致它们相互分离。

　　（3）保水性。

　　混凝土拌合物在施工过程中，具有一定的保水能力，不致产生严重泌水的性能。保水性差的混凝土拌合物，其泌水倾向大，混凝土硬化后易形成透水通路，从而降低混凝土的密实性。泌水现象是拌合物施工中骨料下沉，水分在毛细管力的作用下，沿混凝土中的毛细管道向上至混凝土表面，导致混凝土表层水灰比增大或出现一层清水。

　　由此可见，混凝土拌合物的流动性、黏聚性和保水性有其各自的内容，而它们之间是相互联系，又相互矛盾的。因此，混凝土和易性就是这三方面性质在某种具体条件下矛盾统一的概念。

　　混凝土和易性是一个综合的性质，至今尚没有全面反映混凝土和易性的测试方法。

　　**2.和易性的测定方法**

　　通常通过测定混凝土坍落度、扩展度或维勃稠度来确定其流动性；观察混凝土的形态，根据经验判定其黏聚性与保水性，对混凝土和易性优劣做出评价。

　　（1）坍落度。

　　坍落度试验是将混凝土拌合物装入坍落度筒中，并插捣密实，装满后刮平，向上垂直平稳地提起坍落度筒，测量混凝土拌合物塌落后最高点与坍落度筒顶部的高度差，该高度差即为混凝土拌合物坍落度值（以 mm

表示）；用捣棒在混凝土锥体侧面轻轻敲打，如锥体逐渐下沉，表示黏聚性良好，如锥体崩裂或离析，则表示黏聚性不良；如锥体底部有大量浆体溢出，或锥体顶部因浆体流失而骨料外露，表示混凝土保水性不良，反之，保水性良好。坍落度检验适用于骨料粒径不大于 40 mm，坍落度不小于 10 mm 的混凝土拌合物。

（2）维勃稠度。

维勃稠度试验，用维勃稠度仪测定，将混凝土拌合物装入坍落度筒中，并插捣密实，装满后刮平，向上垂直平稳地提起坍落度筒。将透明圆盘转到混凝土试体上方并轻轻落下使之与混凝土顶面接触。同时启动振动台和秒表，记下透明圆盘的底面被水泥浆布满所需的时间（以 s 计），其值即为维勃稠度试验结果。

（3）扩展度。

混凝土坍落度大于 160 mm 时，拌合物出现流态型，发生摊开现象。混凝土拌合物的流动性用扩展度表示。在摊开的近似圆形的拌合物上，测量最大直径及与最大直径垂直方向的直径，取算术平均值（以 mm 表示），为拌合物和易性的量化指标之一。

（4）改善混凝土拌合物和易性的措施。

主要采取如下措施改善混凝土拌合物的和易性：①拌合物坍落度太小时，保持水胶比不变，增加适量的胶凝材料浆料；当坍落度太大时，保持砂率不变，增加适量的砂、石；②改变水泥品种、品牌及矿物掺合料、化学外加剂；③改变骨料的级配，尽量选用级配良好的骨料，并尽可能采用较粗的砂、石，并采用合理砂率。

## （二）混凝土强度

硬化混凝土的强度包括抗压强度、抗拉强度、抗弯强度、钢筋的黏结强度等，同一批混凝土拌合物硬化后，以抗压强度为最大，抗拉强度为最小，结构工程中的混凝土主要用于承受压力。混凝土抗压强度与混凝土的其他性能关系密切。一般来说，混凝土的强度抗压越高，其刚性、抗渗、抵抗风化和介质侵蚀的能力也越强。混凝土的抗压强度是结构设计的主要参数，也是混凝土质量评定和控制的主要技术指标。

**1. 混凝土抗压强度**

我国采用立方体抗压强度作为混凝土的强度特征值，根据《普通混凝土力学性能试验方法标准》（GB/T 50081—2002）规定的方法制作成 150 mm × 150 mm × 150 mm 的标准立方体试件，在标准养护条件［温度（20 ± 2）℃，相对湿度大于 95%］或在不流动的 $Ca(OH)_2$ 饱和溶液中养护到 28 d 龄期。用标准试验方法所测得的抗压强度值称为混凝土的立方体抗压强度。在实际工程中，在试件尺寸满足所用粗骨料的最大粒径规定的前提下，允许采用非标准尺寸的试件，但应将其抗压强度测定值换算成标准试件的抗压强度。

**2. 混凝土立方体抗压强度标准值**

混凝土立方体抗压强度标准值 $f_{cu,k}$ 是从概率角度出发，依据混凝土强度属于随机变量范畴，因其总体符合正态分布而引出的一个重要特征。它是指按标准方法制作和养护的立方体试件，在 28 d 龄期，用标准试验方法测得的抗压强度总体分布中，客观存在一个特征值 $f_{cu,k}$，当强度低于该值的百分率不超过 5% 时（具有强度保证率为 95% 的立方体抗压强），即符合以这个特征值为混凝土立方体抗压强度标准值的要求。混凝土立方体抗压强度标准值是确定混凝土强度等级的依据。

**3. 混凝土强度等级**

根据混凝土不同的强度标准值可划分为大小不同的强度等级。混凝土的强度等级是以符号"C"及其对应的强度标准值（以 MPa 为单位）所表示的代号，它分别以 C10、C15、C20、C25、C30、C35、C40、C45、

C50、C55、C60、C65、C70、C75、C80、C85、C90、C95、C100 等表示混凝土强度等级。例如，C20 表示混凝土立方体抗压强度标准值 $f_{cu,k}$=20 MPa。强度等级是混凝土结构设计时强度计算取值的依据，是混凝土施工中控制工程质量和工程验收时的重要依据。

### 4. 混凝土轴心抗压强度

在结构中，钢筋混凝土受压构件多为棱柱体或圆柱体。为了使测得的混凝土的强度尽可能接近实际工程结构的受力情况，钢筋混凝土结构设计中，计算轴心受压构件（如杆子、桁架的腹杆等）时，以混凝土的轴心抗压强度（以 $f_{cp}$ 表示）作为设计依据。混凝土轴心抗压强度又称棱柱体抗压强度，采用 150 mm×150 mm×300 mm 的棱柱体作为标准试件，按照标准养护方法与试验方法测得轴向抗压强度的代表值。与标准立方体试件抗压强度（$f_{cp}$）相比，相同混凝土的轴心抗压强度值（$f_{cp}$）的数值较小。随着棱柱体试件高宽比（$h/a$）的增大，其轴心抗压强度减小；但当高宽比达到一定值后，强度就趋于稳定，这是因为试验中试件压板与试件表面间的摩阻力对棱柱体试件中部的影响已消失，该部分混凝土几乎处于无约束的纯压状态。工程中，也可以采用非标尺寸的棱柱体试件来检测混凝土的轴心抗压强度，但其高宽比（$h/a$）应在 2~3 的范围内，如 100 mm×100 mm×300 mm、200 mm×200 mm×400 mm。

### 5. 抗折（弯）强度

混凝土的抗折强度是指处于受弯状态下混凝土抵抗外力的能力，由于混凝土为典型的脆件材料，它在断裂前无明显的弯曲变形，故称为抗折强度。通常混凝土的抗折强度是利用 150 mm×150 mm×550 mm 的试梁在三分点加荷状态下测得的。

### 6. 抗拉（劈裂）强度

混凝土是脆性材料，抗拉强度很低，只有抗压强度的 1/20~1/10（通常取 1/15），在钢筋混凝土结构设计中，一般不考虑混凝土的承拉能力，构件是依靠其中配置的钢筋来承担结构中的拉力，但是，抗拉强度对于混凝土的抗裂性仍具有重要作用，它是结构设计中确定混凝土抗裂的主要依据，也是间接衡量混凝土抗冲击强度、与钢筋黏结强度、抗干湿变化或温度变化能力的参考指标。

混凝土抗拉强度采用劈裂抗拉试验法间接得出混凝土的抗拉强度，称为劈裂抗拉强度（$f_{ts}$）。混凝土劈裂抗拉强度的试件是采用边长为 150 mm 的立方体试件，试验时，在立方体试件的两个相对的上下表面加上垫条，然后施加均匀分布的压力，使试件在竖向平面内产生均匀分布的拉应力，该拉应力可以根据弹性理论计算求得。随着混凝土强度等级的提高而脆性表现得更明显，其劈裂抗拉强度与立方体抗压强度之间的差别可能更大。试验研究证明，在相同条件下，混凝土的劈裂抗拉强度（$f_{ts}$）与标准立方体抗压强度比（$f_{cu}$）之间具有一定的相关性，对于强度等级为 10~50 MPa 的混凝土，其相互关系可近似表示为 $f_{ts}=0.35 f_{cu}$。

### 7. 混凝土与钢筋的黏结强度

钢筋与混凝土间要有效地协同工作，钢筋混凝土结构中，混凝土与钢筋之间必须有足够的黏结强度（也称为握裹强度）。黏结强度，主要来源于混凝土与钢筋之间的摩擦力、钢筋与水泥石之间的黏结力以及变形钢筋的表面机械啮合力。黏结强度的大小与混凝土的性能有关，且与混凝土抗压强度近似成正比。此外，黏结强度还受其他许多因素的影响，如钢筋尺寸、钢筋种类，钢筋在混凝土中的位置（水平钢筋或垂直钢筋）、受力类型（受拉钢筋或受压钢筋）、混凝土干湿变化或温度变化等。

## （三）影响混凝土抗压强度的主要因素及其规律

### 1. 水泥强度等级和水灰比

水泥强度等级和水灰比是影响混凝土强度最主要的因素。普通混凝土水泥石与骨料的界面往往存在有许多孔隙、水隙和潜在微裂缝等结构缺陷，这是混凝土中的薄弱部位环节，混凝土的受力破坏主要发生于这些部位。普通混凝土中骨料本身的强度往往大大超过水泥石及界面的强度，所以普通混凝土中骨料破坏的可能性较小，混凝土的强度主要取决于水泥石强度及其与骨料表面的黏结强度，而这些强度又取决于水泥强度等级和水灰比的大小。在相同配合比情况下，所用水泥强度等级越高，混凝土的抗压强度越高；水泥品种、强度等级不变条件下，混凝土的抗压强度随着水灰比的减小而呈规律地增大。

水泥强度等级越高，即使水灰比不变，硬化水泥石强度也就越大，骨料与水泥石胶结力也就越强。理论上，水泥水化时所需的水一般只要占水泥质量的 23% 左右，拌制混凝土时，为了获得足够的流动性，常需要多加一些水，因此通常的塑性混凝土，其水灰比均在 0.4~0.8 之间。混凝土多加的水导致水泥浆与骨料胶结力减弱，多余的水分残留在混凝土中形成水泡或水道，混凝土硬化后，自由水蒸发后便留下孔隙，减少混凝土实际受力面积，混凝土受力时，也易在孔隙周围产生应力集中。因此，水灰比越大，自由水分越多，水化留下的孔隙也越多，混凝土强度也就越低，反之则混凝土强度越高。这种现象适用于混凝土拌合物被充分振捣密实的条件下，如果水灰比过小，混凝土拌合物和易性太差，混凝土反而不能被振捣密实，导致混凝土强度严重下降。

材料相同的情况下，混凝土的抗压强度（$f_{cu}$）与其水灰比（$W/C$）的关系，呈近似双曲线形状，用方程表示 $f_{cu}=K/(W \cdot C^{-1})$，则 $f_{cu}$ 与灰水比（$C/W$）的关系成线性关系。研究表明，混凝土拌合物的灰水比在 1.2~2.5 时，混凝土强度与灰水比（$C/W$）成直线关系。考虑水泥强度并应用数理统计方法，则可建立起混凝土强度（$f_{cu}$）与水泥强度（$f_{cc}$）及灰水比之间的关系式，即混凝土强度经验公式（又称保罗米公式）：

$$f_{cu}=\alpha_a f_{cc}\left(C/W-\alpha_b\right)$$

## 2. 骨料的影响

级配良好的骨料和适当的砂率，可组成坚强密实的骨架，有利于混凝土强度提高。碎石表面有棱角且粗糙，与水泥石胶结性好，且碎石骨料颗粒间以及与水泥石之间相互嵌固，原材料及坍落度相同情况下，用碎石拌制的混凝土较用卵石时强度高。当水灰比小于 0.40 时，碎石混凝土强度比卵石混凝土高约 1/3。但随着水灰比的增大，二者强度差值逐渐减小，当水灰比达 0.65 后，二者的强度差异就不太显著了。因为当水灰比很小时，影响混凝土强度的主要因素是水泥石与骨料界面强度，当水灰比很大时，影响混凝土强度的主要因素为水泥石强度。

骨灰比是骨料质量与水泥质量之比。骨灰比对 35 MPa 以上的混凝土强度影响很大。相同水灰比和坍落度下，骨料增多后表面积增大，骨料吸水量也增加，从而降低混凝土有效水灰比，使混凝土强度提高，混凝土强度随骨灰比的增大而提高。另外骨料增多，混凝土水泥浆相对含量减少，使混凝土内总孔隙体积减小，骨料对混凝土强度所起的作用得到充分发挥，提高了混凝土强度。

## 3. 养护条件的影响

（1）养护温度的影响。

温度条件决定了水泥水化速度的快慢。早期养护温度高，水泥水化速度快，混凝土早期强度高。但混凝土硬化初期的养护温度较高对其后期强度发展有影响，混凝土初始养护温度越高，其后期强度增进率越低，因为较高初始温度（40 ℃以上）虽然提高水泥水化速率，但使正在水化的水泥颗粒周围聚集了高浓度的水化产物，反而减缓了此后的水化速度，且水化产物来不及扩散反而易形成不均匀分布的多孔结构，此部分为水泥浆体中的薄弱区，从而对混凝土长期强度产生了不利影响。相反，在较低养护温度（5~20 ℃）下，水泥水化缓慢，水化产物生成速率低，有充分的扩散时间形成均匀的水泥石结构，从而获得较大的后期强度，但强度增长时间较长。混凝土养护温度到 0 ℃以下时，水泥水化反应基本停止，混凝土强度停止发展，此时混凝土中的自由水结冰产生体积膨胀（膨胀率约9%），而对孔壁产生较大压应力（可达100 MPa左右），导致硬化中的水泥石结构遭到破坏，混凝土的强度会受到损失。冬季施工混凝土，要加强保温养护，避免混凝土早期受冻破坏就是这个原因。

（2）养护湿度的影响。

湿度是水泥能否正常进行水化的决定因素。湿度合适，浇筑后的混凝土，水泥水化反应就顺利，若环境湿度较低，水泥不能正常进行水化作用，甚至停止水化，混凝土强度会降低。如果混凝土硬化期间缺水，导致水泥石结构疏松，易形成干缩裂缝，影响混凝土的耐久性。混凝土干燥期越早，其强度损失越大。一般混凝土浇筑完毕，在12 h内进行覆盖并开始洒水养护，夏季施工混凝土进行自然养护时，特别注意保潮。硅酸盐水泥、普通水泥或矿渣水泥配制的普通混凝土，保湿养护大于7 d；掺用缓凝型外加剂或有抗渗要求的混凝土养护大于14 d；用其他品种水泥配制的混凝土，养护根据所用水泥的技术性能而定。

### 4.养护龄期的影响

普通混凝土正常养护条件下，其强度随龄期的增加而不断增大，最初7~14 d发展较快，以后便逐渐变慢，28 d后更慢，但只要具有一定的温度和湿度条件，混凝土的强度增长可延续数十年之久。标准养护条件下的普通混凝土，其强度（$f_n$）发展规律大致与龄期（$n$）的常用对数成正比关系，经验估算公式如下（为混凝土 28 d 强度）：

$$f_n = f_{28}(\lg n/\lg 28)$$

### 5.施工方法的影响

施工时，机械搅拌比人工拌和均匀。水灰比小的混凝土拌合物，强制式搅拌机比自落式搅拌机效果好。相同配合比和成型条件下，机械搅拌的混凝土强度比人工搅拌时的提高10%左右。浇筑混凝土时采用机械振动成型比人工捣实密实，对低水灰比的混凝土更显著，因为振动作用暂时破坏了水泥浆的凝聚结构，降低了水泥浆的黏度，增大了骨料间润滑作用，混凝土拌合物的流动性提高，有利于混凝土填满模型，且内部孔隙减少，有利于混凝土的密实度和强度提高。

改善骨料界面结构也有利于提高混凝土强度，如采用"造壳混凝土"工艺，分次投料搅拌混凝土：将骨料和水泥投入搅拌机后，先加少量水拌和，使骨料表面裹上一层水灰比很小的水泥浆，从而提高混凝土的强度。

### 6.试验条件的影响

加荷速率不同，试验同一批混凝土试件，所测抗压强度值会有差异，加荷速率越快，测得的强度大，反之则小。当加荷速率超过1.0 MPa/s时，强度增大尤为显著，所以在检测混凝土强度时，国家标准对加荷速率都有严格的要求。

## （四）混凝土抗冻及抗渗性

### 1.抗冻性

在饱水状态下的混凝土，经受多次冻融循环而不破坏，同时也不严重降低强度的能力称为混凝土抗冻性。对混凝土要求具有较高的抗冻能力的，一般是寒冷地区的建筑及建筑物中的寒冷环境（如冷库）。混凝土的抗冻性常用抗冻等级表示，混凝土的抗冻等级以28 d龄期的混凝土标准试件，在饱水后承受反复冻融循环，以其抗压强度损失不超过25%、质量损失不超过5%时，混凝土所能承受的最多的冻融循环次数来表示：抗冻等级有 D25、D50、D100、D150、D200、D250、D300 及 D300 以上 8 个等级。

分析混凝土受冻融破坏的原因，主要是混凝土内孔隙和毛细孔道的水在负温下结冰时体积膨胀造成的静水压力，以及内部冰、水蒸气压的差，使未冻水向冻结区的迁移所造成的渗透压力。当这两种压力产生的内应力超过混凝土的抗拉强度时，混凝土内部就会产生微裂缝，多次冻融循环后就会使微裂缝逐渐增多和扩展，从而造成对混凝土内部结构的破坏。

抗冻性与混凝土内部孔隙的数量、孔隙特征、孔隙内充水程度、环境温度降低的程度及速度等有关；混凝土的水灰比较小、密实度较高、含封闭小孔较多或开孔中充水不满时，则其抗冻性好。所以，提高混凝土抗冻性的主要措施就是要提高其密实度或改善其孔结构，如降低水灰比、掺入引气剂、延长结冰前的养护时间等。

### 2. 抗渗性

抗渗性是决定混凝土耐久性最基本的因素，抗渗性良好的混凝土能有效地抵抗有压介质（水、油等液体）的渗透作用，抗渗性差的混凝土，则易遭周围液体物质渗入内部，而且当遇有负温或环境水中含有侵蚀性介质时，混凝土易遭受冰冻或侵蚀作用而破坏。地下建筑、水坝、水池、港工以及海工等工程，要求混凝土必须具有一定的抗渗性。《普通混凝土长期性能和耐久性能试验方法标准》（GB/T 50082—2019）规定混凝土抗渗性，可采用渗水高度法或逐级加压法评定。渗水高度法是以硬化后 28 d 龄期的标准抗渗混凝土试件在恒定水压下测得的平均渗水高度来表示；逐级加压法采用 28 d 龄期的标准抗渗混凝土试件，在规定试验方法下，逐级施加水压进行抗水渗透试验。

混凝土渗水主要由于拌和水蒸发、拌合物泌水形成的连通性渗水通道、骨料下缘聚集的水隙、硬化混凝土干缩或温度变化产生的裂缝，这些缺陷数量与混凝土的水灰比有关，水灰比越小，合理的施工条件下，抗渗性越高。提高混凝土抗渗性的主要措施有：防止离析、泌水可采用降低水灰比，掺减水剂、引气剂等，或选用级配良好的洁净骨料，振捣密实和加强养护等。

### （五）混凝土配合比设计的步骤及试配、调整

#### 1.混凝土配合比设计的步骤

（1）确定混凝土试配强度；

（2）确定混凝土试配强度所需标准差；

（3）确定混凝土的水胶比；

（4）确定混凝土采用胶凝材料28 d的抗压强度；

（5）确定混凝土单位用水量和外加剂掺量；

（6）确定混凝土单位胶凝材料（矿物掺和料及水泥）用量；

（7）确定混凝土的砂率；

（8）确定混凝土单位粗、细骨料的用量。

#### 2.混凝土配合比试配和调整

（1）混凝土配合比试配。

混凝土试配应采用强制式搅拌机搅拌。每盘搅拌量不应小于搅拌机公称容量的1/4且不应大于搅拌机的公称容量。

试拌时，计算水胶比宜保持不变，并应通过调整配合比其他参数使混凝土拌合物性能符合设计和施工要求，然后修正计算配合比，提出试拌配合比。在确定的试拌配合比基础上，再拌和两个配合比，但水胶比分别增加和减少0.05，用水量应与已确定的试拌配合比相同，砂率可分别增加或减少1%。混凝土配合比拌和后，拌合物性能满足设计和施工要求，进行试件制作，并标准养护到28 d或设计规定的龄期试压。

（2）混凝土配合比调整与确定。

混凝土配合比调整如下。

①根据试拌 3 个混凝土配合比的强度，绘制强度和胶水比的线性关系图或插值法确定略大于配制强度对应的胶水比；

②在试拌配合比的基础上，用水量（$m_w$）和外加剂用量（$m_a$）应根据确定的水胶比作调整；

③胶凝材料用量（$m_b$）应以用水量乘以确定的胶水比计算得出；

④粗骨料（$m_g$）和细骨料（$m_s$）应根据用水量和胶凝材料进行调整。

混凝土配合比的确定：

第一，配合比调整后的混凝土拌合物的表观密度按下式计算：

$$\rho_{cc}=m_c+m_r+m_g+m_s+m_w$$

式中：$\rho_{cc}$ 为混凝土拌合物的表观密度计算值，kg/m³；

$m_c$ 为每立方米混凝土的水泥用量，kg/m³；

$m_r$ 为每立方米混凝土的矿物掺合料用量，kg/m³；

$m_g$ 为每立方米混凝土的粗骨料用量，kg/m³；

$m_s$ 为每立方米混凝土的细骨料用量，kg/m³；

$m_w$ 为每立方米混凝土的用水量，kg/m³。

第二，混凝土配合比校正系数按下式计算：

$$\delta=\rho_{ct}/\rho_{cc}$$

式中：$\rho_{ct}$ 为混凝土拌合物的表观密度实测值，kg/m³；

$\delta$ 为混凝土配合比校正系数。

混凝土拌合物的表观密度实测值与计算值之差不超过计算值的 2% 时，调整的配合比可维持不变；当二者之差超过 2% 时，将配合比的每项材料均乘以校正系数（$\delta$）。

第三，配合比调整后，还应测定拌合物水溶性氯离子含量。

第四，有耐久性设计要求混凝土的，应进行相关耐久性试验验证。

经过上述试配、调整、校正、验证后，所得结果为确定的混凝土配合比。

## 二、混凝土拌合物性能试验

检测主要依据标准:《普通混凝土拌合物性能试验方法标准》(GB/T 50080—2016 )。

### （一）混凝土坍落度、扩展度、凝结时间检测

#### 1.混凝土坍落度和扩展度检测

实验室制备混凝土拌合物时，相对湿度不小于50%，室温应保持（20±5）℃;拌合材料应与室温保持一致。拌合材料称量以重量计（精度：骨料为 ±0.5% ；水、水泥、掺合料、外加剂为 ±0.2% )。

（1）主要仪器。

①搅拌机：容量 30~100 L，性能符合《混凝土试验用搅拌机》( JG 244—2009 )。

②磅秤：称量 50 kg，感量 50 g。

③天平：称量 5 kg、感量 5 g。

④量筒：2 00 mL、1 000 mL。

⑤拌铲、拌板（平面尺寸不小于 1.5 m×1.5 m，厚度不小于 3 mm 的钢板）、容器等。

⑥捣棒:直径（16±0.2 )mm、长（600±5 )mm 的钢棒，端部半球形。

⑦小铲、钢尺（300 mm、1 000 mL，分度值不大于 1 mm）、抹刀等。

⑧测量标尺：表面光滑，刻度范围 0~280 mm，分度值 1 mm。

⑨坍落度筒：用 1.5 mm 厚的钢板或其他金属材料制成的圆台形筒；底面和顶应互相平行并与锥体的轴线垂直；在筒外 2/3 高度处安两个手把，下端焊脚踏板；筒的内部尺寸为：底部直径（200±2 )mm、顶部直

径（100±2）mm、高度（300±2）mm。

（2）拌和方法。

①按所定配合比称取名材料质量。

②按配合比的水泥、砂和水组成的砂浆，在搅拌机中进行涮膛预拌一次，内壁挂浆后，倒出多余的砂浆，其目的是使水泥砂浆黏附满搅拌机的筒壁，以免正式拌和时影响拌合物的配合比。

③称好的粗骨料、胶凝材料、细骨料和水依次放入搅拌机，难溶或不溶的粉状外加剂宜与胶凝材料同时放入搅拌机，液体和可溶性的外加剂宜与水同时放入搅拌机。拌合物搅拌时间宜 2 min 以上，直至搅拌均匀。

④将拌合物从搅拌机卸出，倾倒在拌板上，立即进行拌合物各项性能试验。取样或试验时拌制的混凝土应在拌制后最短的时间内成型，一般不宜超过 15 min。

（3）坍落度与坍落扩展度检测步骤。

适用于骨料最大粒径不大于 40 mm。坍落度检测：坍落度值不小于 10 mm 的混凝土拌合物稠度测定；坍落扩展度检测：坍落度值不小于 160 mm 的混凝土拌合物稠度测定。稠度测定时需拌合物 10~13 L。

①湿润坍落度筒及其他用具，并把筒放在不吸水的刚性水平底板上，然后用脚踩住两边的脚踏板，使坍落度筒在装料时保持位置固定。

②把按要求取得的混凝土试样用小铲分三层均匀地装入筒内，使捣实后每层高度约为筒高的 1/3。每层用捣棒插捣 25 次。插捣应沿螺旋方向由外向中心进行，各次插捣应在截面上均匀分布。插捣筒边时，捣棒可稍倾斜；插捣底层时，捣棒应贯穿整个深度。插捣第二层和顶层时，捣棒应插过本层至下一层的表面。浇灌顶层时，混凝土应灌到高出筒口，插捣过程中，如混凝土沉落到低于筒口，则应随时添加。顶层插捣完后，刮去多余的混凝土并用抹刀抹平。

③清除筒边底板上的混凝土后，3~7 s 内垂直平衡地提起坍落度筒。从开始装料到提起坍落度筒的整个进程应连续进行，并应在 150 s 内完成（坍落度检测）或 4 min 内完成（扩展度检测）。

（4）检测结果。

①坍落度和扩展度测试。

如检测坍落度，当试样不再继续下落或下落 30 s 时，量测筒高与坍落后混凝土试体最高点之间的高度差，即为该混凝土拌合物的坍落度值。

如检测扩展度，当拌合物不再扩展或扩展时间达到 50 s，测量拌合物扩展面的最大直径及与最大直径垂直方向的直径，两个直径之差不超过 50 mm，取其算术平均值作为混凝土扩展值；当两个直径之差超过 50 mm 时，重新取样另行测定。

混凝土拌合物坍落度与扩展度以 mm 为单位，测量精确至 1 mm，结果表达修约至 5 mm。

②坍落度筒提离后，如试体产生崩坍或一边剪坏现象，则应重新取样进行测定，仍出现这种现象，则表明该拌合物和易性不好，应予记录备查。

③测定坍落度后，观察拌合物的黏聚性和保水性，并记入记录。

当混凝土拌合物坍落度不超过 160 mm 时：用捣棒在已坍落的拌合物锥体侧面轻轻敲打，如果锥体逐渐下沉，表示黏聚性良好；如果锥体倒坍、部分崩裂或出现离析，即为黏聚性不好。提起坍落度筒时，如有较多的稀浆从底部析出，锥体部分的拌合物也因失浆而骨料外露，则表明保水性不好；如无这种现象，则表明保水性良好。

当混凝土拌合物的坍落度大于 160 mm 时，如发现粗骨料在中央集堆或边缘有水泥浆析出，则混凝土拌合物离析，应予记录。

**2. 混凝土凝结时间检测**

（1）主要仪器。

①贯入阻力仪：最大测量值不小于 1 000 N，精度 ±10 N；测针长 100 mm，在距贯入端 25 mm 处应有明显标记；测针的承压面积为 100 m²、50 m² 和 20 m² 三种。

②砂浆试样筒：上口径 160 mm、下口径 150 mm、净高 150 mm 的刚性不透水金属圆筒，并配有盖子。

③试验筛：筛孔公称直径 5.00 mm。

④振动台：符合《混凝土试验用振动台》（JG/T 245—2009）的规定。

⑤捣棒：符合《混凝土坍落度仪》（JG/T 248—2009）的规定。

（2）检测步骤。

①应用试验筛将砂浆从混凝土拌合物中筛出，将筛出的砂浆搅拌均匀后装入三个试样筒中。取样混凝土坍落度不大于 90 mm 时，用振动台振实砂浆；取样混凝土坍落度大于 90 mm 时，用捣棒人工捣实。用振动台振砂浆时，振动应持续到表面出浆为止，不得过振；用捣棒人工捣实时，由外向中心沿螺旋方向均匀插捣 25 次，然后用橡皮锤敲击筒壁，直到表面插捣孔消失为止。振实或插捣后，砂浆表面宜低于砂浆试样筒口 10 mm，并应立即加盖。

②砂浆试样制备完毕后，应置于（20±2）℃的环境中待测，并在整个测试工程中，环境温度始终在（20±2）℃。在整个测试过程中，除吸取泌水或进行贯入试验外，试样筒应始终加盖。现场同条件测试，试验环境应与现场一致。

③凝结时间测定从混凝土加水搅拌开始计时。根据混凝土拌合物的性能，确定测针试验时间，以后每隔 0.5 h 测试一次，临近初凝或终凝时，应缩短测试间隔时间。

④每次测试前 2 min，将一片（20±5)mm 厚的垫块垫入筒底一侧使其倾斜，用吸液管吸去表面的泌水，吸水后应复原。

⑤将砂浆试样筒置于贯入阻力仪上，测针端部与砂浆表面接触，在（10±2）s内均匀地使测针贯入砂浆（25±2）mm深度，记录最大贯入阻力值，精确至10 N；记录测试时间，精确至1 min。

⑥每个砂浆筒每次测试1~2个点，各测点间距不应小于15 mm，测点与试样筒壁的距离不应小于25 mm。

⑦每个试样地灌入阻力测试不应少于6次，直至单位面积贯入阻力大于28 MPa为止。

⑧根据砂浆凝结状况，在测试过程中应以测针承压面积从大到小的顺序更换。

（3）检测结果。

①单位面积贯入阻力计算，精确至0.1 MPa：

$$f_{PR}= P/A$$

式中：$f_{PR}$为单位面积贯入阻力，MPa；

　　　$P$为贯入阻力，N；

　　　$A$为测针面积，$mm^2$。

②凝结时间计算。

线性回归法，按下式计算：

$$\ln t=a+b\ln f_{PR}$$

式中：$t$为单位面积贯入阻力对应的测试时间，min；

　　　$a$、$b$为线性回归系数。

单位面积贯入阻力为3.5 MPa时对应的时间为初凝时间；单位面积贯入阻力为28 MPa时对应的时间为终凝时间。

绘图拟合法是以单位面积贯入阻力为纵坐标，测试时间为横坐标，绘制出单位面贯入阻力与测试时间的关系曲线；分别以3.5 MPa和28 MPa绘制两条平行于横坐标轴的直线，与曲线的交点的横坐标分别是初凝时间和终凝时间，精确至 5 min。

③以三个试样的初、终凝时间的算数平均值作为此次试验的初、终凝时间。三个测值中的最小值或最大值中有一个与中间值的差异超过中间值的 10%，则取中间值作为检测结果。如最大值和最小值与中间值相差均超过 10%，应重新试验。

## （二）混凝土泌水率与压力泌水率检测

### 1. 混凝土泌水率检测

（1）主要仪器。

①容量筒：5 L，并配有盖子。

②量筒：1 000 mL、分度值 1 mL，并带塞。

③振动台：符合《混凝土试验用振动台》（JG/T 245—2009）的规定。

④捣棒：符合《混凝土坍落度仪》（JG/T 248—2009）的规定。

⑤电子天平：最大量程 20 kg，感量不大于 1 g。

（2）检测步骤。

①用湿布润湿容量筒内壁后应立即称量，记录容量筒质量。

②将混凝土拌合物装入容量筒中进行振实或插捣密实。取样混凝土坍落度不大于 90 mm 时，用振动台振实，将混凝土拌合物一次性装入容量筒，振动应持续到表面出浆为止，不得过振；取样混凝土坍落度大于 90 mm 时，用捣棒人工捣实。将混凝土拌合物分两层装入，每层由边缘向中心沿螺旋方向均匀插捣 25 次，插捣底层时，捣棒贯穿整个深度；插捣第二层时，捣棒应插过本层至下一层的表面。每层插捣完毕，用橡皮锤沿筒外壁敲击 5~10 次，进行振实，直到表面插捣孔消失并不见大气泡为止。振实或插捣后的混凝土表面应低于容量筒口（30±3）mm，并用抹刀抹平。

③自密实混凝土一次性填满，且不应进行振动或插捣。

④室温保持（20±2）℃，容量筒保持水、不受振动条件下进行混凝土表面泌水的吸取；除吸水操作外，容量筒应始终盖好盖子。

⑤计时开始 60 min 内，每隔 10 min 吸取一次试验表面泌水；60 min 后，每隔 30 min 吸取一次表面泌水，直到不再泌水为止。每次测试前 2 min，将一片（35±5）mm 厚的垫块垫入筒底一侧使其倾斜，用吸液管吸去表面的泌水，吸水后应平稳复原盖好。吸出的水盛放于量筒中，并盖好塞子。记录每次的吸水量，并计算累积吸水量，精确至 1 mL。

（3）检测结果。

①单位面积泌水量按下式计算，精确至 0.01 mL/m² ：

$$B_a = V/A$$

式中：$B_a$ 为单位面积混凝土拌合物的泌水量，mL/m² ；

$V$ 为累积泌水量，mL ；

$A$ 为混凝土拌合物试样外露的表面积，m²。

②泌水率按下式计算，精确至 1% ：

$$B = \frac{V_W}{(W/m_T) \times m} \times 100$$

$$m = m_2 - m_1$$

式中：$B$ 为泌水率，% ；

$V_W$ 为泌水总量，mL ；

$m$ 为混凝土拌合物试样质量，g ；

$m_T$ 为试验拌制混凝土拌合物的总质量，g ；

$W$ 为试验拌制混凝土拌合物的用水量，g ；

$m_2$ 为容量筒及试样总质量，g ；

$m_1$ 为容量筒质量，g。

③泌水量（率）取三个试样测值的平均值，三个测定值中的最小值或

最大值中有一个与中间值之差超过中间值的 15%，取中间值作为检测结果。如最大值和最小值与中间值相差均超过 15%，则应重新试验。

**2. 混凝土压力泌水率检测**

（1）主要仪器。

①压力泌水仪：缸体内径应为（125±0.02）mm，内高（200±0.2）mm；工作活塞公称直径 125 mm；筛网孔径 0.315 mm。

②捣棒：符合《混凝土坍落度仪》（JG/T 248—2009）的规定。

③烧杯：150 mL。

④量筒：200 L。

（2）检测步骤。

混凝土装入压力泌水仪缸体捣实后的表面应低于缸体筒口。

①普通混凝土拌合物分两层装入，每层由边缘向中心沿螺旋方向均匀插捣 25 次，插捣底层时，捣棒贯穿整个深度；插捣第二层时，捣棒应插过本层至下一层的表面。每层插捣完毕，用橡皮锤沿筒外壁敲击 5~10 次，进行振实，直到表面插捣孔消失并不见大气泡为止。

②自密实混凝土应一次性填满，不进行振动和插捣。

③将缸体外表面擦干净，压力泌水仪安装完毕后应在 15 s 内给混凝土拌合物试样加压至 3.2 MPa，并应在 2 s 内打开泌水阀门，同时开始计时，并保持恒压，泌出的水接入 15 mL 的烧杯里，移至量筒中读取泌水量，精确至 1 mL。

④加压至 10 s 时读取泌水量 $V_{10}$，加压至 140 s 时读取泌水量 $V_{140}$。

（3）检测结果。

压力泌水率按下式计算，精确至 1%：

$$B_V = V_{10}/V_{140}$$

式中：$B_V$ 为压力泌水率，%；

$V_{10}$ 为加压至 10 s 时的泌水量，mL；

$V_{140}$ 为加压至 140 s 时的泌水量，mL。

## （三）混凝土含气量检测

### 1. 主要仪器

（1）含气量测定仪：符合《混凝土含气量测定仪》（JG/T 246—2009）的规定；

（2）捣棒：符合《混凝土坍落度仪》（JG/T 248—2009）的规定；

（3）振动台：符合《混凝土试验用振动台》（JG/T 245—2009）的规定；

（4）电子天平：最大量程 50 kg，感量不应大于 10 g。

### 2. 检测步骤

（1）含气量测定仪的标定和率定。

①擦净容器，将含气量测定仪安装好，测定含气量测定仪总质量 $m_{A1}$，精确至 10 g。

②向容器内注水至上沿，然后加盖并拧紧螺栓，保持密封不透气；关闭操作阀和排气阀，打开排水阀和加水阀，通过加水阀向容器内注水；当排水阀流出的水流中不出现气泡时，应在注水的状态下，关闭加水阀和排气阀；将含气量测定仪外表擦净，再次测定总质量精确至 10 g。

③含气量测定仪的容积按下式计算，精确至 0.01 L：

$$V=（m_{A2}-m_{A1}）/P_W$$

式中：$V$ 为含气量测定仪容积，L；

$P_W$ 含气量测定仪的总质量，kg；

$m_{A2}$ 为水、含气量测定仪的总质量，kg；

$m_{A1}$ 为水的密度，kg/m³（可取 1 kg/L）。

④关闭排气阀，向气室打气，加压至大于 0.1 MPa，且压力表显示值稳定；打开排气阀调压至 0.1 MPa，同时关闭排气阀。

⑤开启操作阀，使气室的压缩空气进入容器，待压力表显示值稳定后测得压力值对应含气量应为零。

⑥开启排气阀，压力表显示值回零；关闭操作阀、排水阀和排气阀，开启加水阀，借助标定管在注水阀口用量筒接水；用气泵缓缓地向气室打气，当排出的水是含气量测定仪容积的 1% 时，再按上述④⑤的操作，测得含气量为 1% 的压力值。

⑦继续测取含气量为 2%、3%、4%、5%、6%、7%、8%、9%、10% 时的压力值。

⑧含气量分别为 0、1%、2%、3%、4%、5%、6%、7%、8%、9%、10% 时的试验均进行两次，以两次压力值的平均值为测量结果。

⑨根据含气量 0、1%、2%、3%、4%、5%、6%、7%、8%、9%、10% 测量结果，绘制含气量与压力值的关系曲线，作为混凝土拌合物含气量检测查阅依据。

（2）混凝土拌合物骨料的含气量。

①按下式计算试验中粗、细骨料的质量：

$$m_g = V \times m_g' / 1000$$

$$m_S = V \times m_s' / 1000$$

式中：$m_g$ 为拌合物试样中粗骨料的质量，kg；

$m_s$ 为拌合物试样中细骨料的质量，kg；

$m_s'$ 为混凝土配合比中每立方米混凝土粗骨料质量，kg；

$m_g'$ 为混凝土配合比中每立方米混凝土细骨料质量，kg；

$V$ 为含气量测定仪容器容积，L。

②先向含气量测定仪的容器中注入 1/3 高度的水，然后把质量为 $m_g$、$m_s$ 的粗、细骨料称好，搅拌均匀，倒入容器，加料同时应进行搅拌；水面每升高 25 mm 左右，轻捣 10 次，加料过程应始终保持水面高出骨料的

顶面，骨料全部加入，浸泡约 5 min，再用橡皮锤轻敲容器外壁，排净气泡，除去水面气泡，加水至满，擦净容器口及边缘，加盖拧紧螺栓，保持密封不透气。

③关闭操作阀和排气阀，打开排水阀和加水阀，通过加水阀向容器内注入水；当排水阀流出的水流中不出现气泡时，应在注水的状态下，关闭加水阀和排气阀。

④关闭排气阀，向气室打气，加压至大于 0.1 MPa，且压力表显示值稳定；打开排气阀调压至 0.1 MPa，同时关闭排气阀。

⑤开启操作阀，使气室的压缩空气进入容器，待压力表显示值稳定后记录压力值，然后开启排气阀，压力表显示值应回零；根据含气量与压力值之间的关系曲线确定压力值对应的骨料含气量，精确至 0.1%。

⑥混凝土骨料的含气量应以两次测量结果的平均值作为试验结果；两次测量结果相差大于 0.5%，应重新试验。

（3）混凝土拌合物未校正含气量。

①用湿布擦净混凝土含气量测定仪容器内部和盖的内表面，装入混凝土拌合物。

②将混凝土拌合物装入含气量测定仪容器内进行振实、插捣密实或自流密实。

取样混凝土坍落度不大于 90 mm 时，用振动台振实。将混凝土拌合物一次性装至高出含气量测定仪容器口，振动过程中混凝土拌合物低于容器口随时添加，振动应持续到表面出浆为止，不得过振。

取样混凝土坍落度大于 90 mm 时，用捣棒人工捣实。将混凝土拌合物分三层装入，每层捣实高度约为 1/3 的容器高度，每层由边缘向中心沿螺旋方向均匀插捣 25 次，捣棒应插过本层至下一层的表面，每层插捣完毕，用橡皮锤沿容器外壁敲击 5~10 次，进行振实，直到拌合物表面插捣孔消失为止。

自密实混凝土一次性填满，且不应进行振动或插捣。

③刮去表面多余的混凝土拌合物，用抹刀刮平，并且填平表面凹陷、抹光。

④擦净容器口及边缘，加盖并拧紧螺栓，保持密封不透气。

⑤测试混凝土拌合物未校正含气量 $A_0$，方法与测试骨料含气量相同，精确至 0.1%。

⑥混凝土拌合物的未校正含气量 A。应以两次测量结果的平均值作为试验结果；两次测量结果相差大于 0.5%，应重新试验。

**3. 检测结果**

混凝土含气量按下式计算，精确至 0.1%：

$$A=A_0-A_g$$

式中：$A$ 为混凝土拌合物含气量，%；

$A_0$ 为混凝土拌合物未校正含气量，%；

$A_g$ 为混凝土骨料含气量，%。

# 三、硬化混凝土力学性能试验

检测主要依据标准:《普通混凝土拌合物性能试验方法标准》（GB/T 50080—2016）、《普通混凝土力学性能试验方法标准》（GB/T 50081—2019）。

配制好的混凝土拌合物成型前至少用铁锹再来回拌和三次。混凝土成型时间一般不宜超过 15 min。每组龄期的混凝土力学试件按检测要求制作。

第一，试模内表面应涂一层矿物油或专用脱模剂。

第二，根据混凝土拌合物的稠度确定混凝土成型方法。坍落度不大于 70 mm 的混凝土拌合物宜用振动成型；坍落度大于 70 mm 的混凝土拌合物宜用捣棒人工捣实成型。

用振动台振实成型制作试件：将混凝土拌合物一次装入试模，装料时应用抹刀沿各试模壁插捣，并使混凝土拌合物高出试模。试模附着或固定在振动台上，振动过程中试模不得有任何跳动，振动至表面出浆为止，不得过振。

人工插捣成型制作试件：混凝土拌合物分两层装入试模内，每层的装料厚度大致相等。用捣棒按螺旋方向从边缘向中心均匀插捣。插捣底层混凝土时，捣棒应达到试模底部；插捣上层混凝土时，捣棒应贯穿上层混凝土插入下层混凝土 20~30 mm。插捣时捣棒应保持垂直。用抹刀沿试模内壁插拔数次。每层插捣次数按 10 000 mm² 截面积内不得少于 12 次。插捣后用橡皮锤轻轻敲击试模四周，直到捣棒留下的孔洞消失为止。

第三，刮除试模口多余的混凝土拌合物，待混凝土临近初凝时，用抹刀抹平表面。

第四，混凝土试件养护。采用标准养护的试件成型后应用不透水薄膜覆盖表面，并在温度为（20±5）℃情况下静置 1~2 昼夜，然后编号拆模。拆模后的试件应立即放在温度为（20±2）℃、相对湿度为95%以上的标准养护室中养护。标准养护室内试件应放在架上，彼此间隔为 10~20 mm，并应避免用水直接冲淋试件。无标准养护室时，混凝土试件可放在温度为（20±2）℃的不流动的饱和 $Ca(OH)_2$ 水中养护。

同条件养护的试件成型后，试件的拆模时间可与实际构件的拆模时间相同。拆模后，试件仍需保持同条件养护。

第五，混凝土试件公差。承压平面的平面度公差不超过 0.000 5$d$（$d$ 为边长）；试件的相邻面夹角为 90°，公差不超过 0.5°；试件各边长公差不超过 1 mm。

## （一）混凝土抗压强度、抗折强度、劈裂抗拉强度检测

### 1. 混凝土抗压强度检测

（1）主要仪器。

压力机：符合《液压式万能试验机》（GB/T 3159—2008）及《试验机通用技术要求》（GB/T 2611—2022）中的技术要求，测量精度为±1%，试件的破坏荷载应大于压力机全量程的20%且小于压力机全量程的80%。

（2）检测步骤。

试件从养护室取出后，应尽快试验。

①试件表面与压力机上下承压板面擦干净。

②将试件安放在下承压板上，试件的承压面与成型时的顶面垂直。试件的中心应与试验机下压板中心对准。

③开动试验机，当上承压板与试件接近时，分别调整球座，使接触均衡。

④加压时，应连续而均匀地加荷。加荷速度：混凝土强度等级小于C30时，为每秒钟0.3~0.5 MPa；混凝土强度等级大于（等于）C30且小于C60时，为每秒钟0.5~0.8 MPa；混凝土强度等级大于（等于）C60时，为每秒钟0.8~1.0 MPa。当试件接近破坏而开始迅速变形时，停止调整试验机油门，直至试件破坏。

⑤记录破坏荷载（$F$）。

（3）检测结果。

①混凝土立方体试件抗压强度按下式计算，精确至0.1 MPa：

$$f_c = F/A$$

式中：$f_c$ 为混凝土立方体试件抗压强度，MPa；

$F$ 为试件破坏荷载，N；

$A$ 为试件承压面积，$mm^2$。

②以 3 个试件的算术平均值作为该组试件的抗压强度值，精确至 0.1 MPa。如果 3 个测定值中的最小值或最大值中有 1 个与中间值的差异超过中间值的 15%，则把最大值及最小值一并舍弃，取中间值作为该组试件的抗压强度值。如最大值和最小值与中间值相差均超过 15%，则此组试件试验结果无效。混凝土的抗压强度是以 150 mm × 150 mm × 150 mm 的立方体试件的抗压强度为标准，其他尺寸试件测定结果均应换算成边长为 150 mm 立方体试件的标准抗压强度。

**2.混凝土抗折强度检测**

（1）主要仪器。

压力机：符合《液压式万能试验机》（GB/T 3159—2008）及《试验机通用技术要求》（GB/T 2611—2022）中的技术要求，测量精度为 ±1%，试件的破坏荷载应大于压力机全量程的 20% 且小于压力机全量程的 80%；能施加均匀、连续、速度可控的荷载，并带有能使两个相等荷载同时作用在试件跨度 3 分点处的抗折试验装置。

试件的支座和加荷头应采用直径为 20~40 mm、长度不小于试件宽度 10 mm 的硬钢圆柱，支座立脚点固定铰支，其他应为滚动支点。

（2）检测步骤。

试件尺寸：边长为 150 mm × 150 mm × 600 mm（或 550 mm）的棱柱体试件是标准试件；边长为 100 mm × 100 mm × 400 mm 的棱柱体试件是非标准试件。在长向中部 1/3 区段内不得有表面直径超过 5 mm、深度超过 2 mm 的孔洞。

①试件从养护地取出后应及时进行试验，将试件表面擦干净。

②装置试件，安装尺寸偏差不得大于 1 mm。试件的承压面应为试件成型时的侧面。支座及承压面与圆柱的接触面应平稳、均匀，否则应垫平。

③施加荷载应保持均匀、连续。当混凝土强度等级小于 C30 时，加荷速度取每秒钟 0.02~0.05 MPa；当混凝土强度等级大于（等于)C30 且小于 C60 时，取每秒钟 0.05~0.08 MPa；当混凝土强度等级大于（等于）C60 时，取每秒钟 0.08~0.10 MPa，至试件接近破坏时，应停止调整试验机油门，直至试件破坏，然后记录破坏荷载。

④记录试件破坏荷载的试验机示值及试件下边缘断裂位置。

（3）检测结果。

①若试件下边缘断裂位置处于两个集中荷载作用线之间，则试件的抗折强度按下式计算，精确至 0.1 MPa：

$$f_t = \frac{Fl}{bh^2}$$

式中：$f_t$ 为混凝土抗折强度，MPa；

  $F$ 为试件破坏荷载，N；

  $l$ 为支座间跨度，mm；

  $h$ 为试件截面高度，mm；

  $b$ 为试件截面宽度，mm。

②抗折强度值的确定。

3 个试件测值的算术平均值作为该组试件的强度值（精确至 0.1 MPa）；3 个测值中的最大值或最小值中如有 1 个与中间值的差值超过中间值的 15% 时，则把最大值及最小值一并舍弃，取中间值作为该组试件的抗压强度值；如最大值和最小值与中间值的差均超过中间值的 15%，则该组试件的试验结果无效。

3 个试件中若有 1 个折断面位于两个集中荷载之外，则混凝土抗折强度值按另 2 个试件的试验结果计算，若这 2 个测值的差值不大于这两个测值的较小值的 15% 时，则该组试件的抗折强度值按这 2 个测值的平均值计算，否则该组试件的试验无效。若有 2 个试件的下边缘断裂位置位于两个集中荷载作用线之外，则该组试件试验无效。

当试件尺寸为 100 mm× 100 mm×400 mm 的非标准试件时，应乘以尺寸换算系数 0.85；当混凝土强度等级为 C60 时，宜采用标准试件；使用非标准试件时，尺寸换算系数应由试验确定。

**3. 混凝土劈裂抗拉强度检测**

（1）主要仪器。

①压力试验机：符合《液压式万能试验机》（GB/T 3159—2008）及《试验机通用技术要求》（GB/T 2611—2022）中的技术要求，测量精度为 ±1%，试件的破坏荷载应大于压力机全量程的 20% 且小于压力机全量程的 80%。

②垫块：半径为 75 mm 的钢制弧形垫块，其长度与试件相同。

③垫条：三合板制成，宽为 20 mm，厚度为 3~4 mm。不可重复使用。

（2）检测步骤。

①试件从养护地点取出且表面擦干后应及时进行试验。试件放于压力机下压板中央，劈裂承压面和劈裂面应与试件成型时的顶面垂直；上下压板与试件之间垫块和垫条各一条，垫块与垫条和试件上下面的中心线对准并与成型时的顶面垂直。把垫条及试件安装在定位架上使用。

②开动试验机，当上压板与圆弧形垫块接近时，调整球座，使接触均衡。加荷速度连续均匀，当混凝土强度等级小于 C30 时，加荷速度为每秒 0.02~0.05 MPa；当混凝土强度等级不小于 C30 且小于 C60 时，加荷速度为每秒 0.05~0.08 MPa；当混凝土强度等级不小于 C60 时，加荷速度为每秒 0.08~0.10 MPa。试件接近破坏，停止调整压力机油门，直至试件破坏，记录破坏荷载。

（3）检测结果。

混凝土劈裂抗拉强度应按下式计算，精确至 0.01 MPa：

$$f_{ts} = \frac{2F}{\pi A} = 0.637\frac{F}{A}$$

式中：$f_{ts}$ 为混凝土劈裂抗拉强度，MPa；

　　　$F$ 为试件破坏荷载，N；

　　　$A$ 为试件劈裂面面积，$mm^2$。

①取 3 个试件测值的算术平均值作为该组试件的强度值，异常数据取舍与混凝土立方体抗压强度相同。

②采用 100 mm × 100 mm × 100 mm 非标准试件测得的强度值，应乘以换算系数 0.85；当混凝土强度等级不小于 C60 时，宜采用标准试件；采用非标准试件，换算系数应由试验确定。

## （二）混凝土棱柱体轴心抗压强度检测

### 1. 主要仪器

压力试验机：符合《液压式万能试验机》（GB/T 3159—2008）及《试验机通用技术要求》（GB/T 2611—2022）中的技术要求，其测量精度为 ±1%，试件破坏荷载应大于压力机全量程的 20% 且小于压力机全量程的 80%。

### 2. 检测步骤

试件尺寸：边长为 150 mm × 150 mm × 300 mm 的棱柱体试件是标准试件；边长为 100 mm × 100 mm × 300 mm 和 200 mm × 200 mm × 400 mm 的棱柱体试件是非标准试件。

（1）试件从养护地点取出后应及时进行试验，用干毛巾将试件表面与上下承压板面擦干净。

（2）将试件直立放置在试验机的下压板或钢垫板上，并使试件轴心与下压板中心对准。

（3）开动试验机，当上压板与试件或钢垫板接近时，调整球座，使接触均衡。

（4）应连续均匀地加荷，不得有冲击。试验过程中应连续均匀地加荷，混凝土强度等级小于 C30 时，加荷速度取每秒钟 0.3~0.5 MPa ；混凝土强度等级大于（等于)C30 且小于 C60 时，取每秒钟 0.5~0.8 MPa ；混凝土强度等级大于（等于)C60 时，取每秒钟 0.8~1.0 MPa。

（5）试件接近破坏而开始急剧变形时，应停止调整试验机油门，直至试件破坏。然后记录破坏荷载。

**3. 检测结果**

（1）混凝土试件轴心抗压强度按下式计算，精确至 0.1 MPa ：

$$f_{cq} = \frac{F}{A}$$

式中：$f_{cq}$ 为混凝土轴心抗压强度，MPa ；

$F$ 为试件破坏荷载，N ；

$A$ 为试件承压面积，$mm^2$。

（2）取 3 个试件测值的算术平均值作为该组试件的强度值，异常数据取舍与混凝土立方体抗压强度相同。

（3）混凝土强度等级小于 C60 时，用非标准试件测得的强度值均应乘以尺寸换算系数，其值为对 200 mm × 200 mm × 400 mm 试件为 1.05 ；对 100 mm × 100 mm × 300 mm 试件为 0.95。当混凝土强度等级大于等于 C60 时，宜采用标准试件；使用非标准试件时，尺寸换算系数应由试验确定。

## （三）混凝土棱柱体静力受压弹性模量检测

**1. 主要仪器**

（1）压力试验机：符合《液压式万能试验机》（ GB/T 3159—2008 ）

及《试验机通用技术要求》（GB/T 2611—2022）中的技术要求，其测量精度为 ±1%，试件破坏荷载应大于压力机全量程的 20% 且小于压力机全量程的 80%。

（2）微变形测量仪：测量精度不得低于 0.001 mm。

（3）微变形测量固定架：标距应为 150 mm。

**2.检测步骤**

测定混凝土棱柱体静力受压弹性模量的试件与混凝土棱柱体轴心抗压强度试件相同，但每次试验应制备 6 个试件。

（1）试件从养护地点取出后先将试件表面与上下承压板面擦干净。

（2）先取 3 个试件，测定混凝土的轴心抗压强度 $f_{cq}$。另 3 个试件用于测定混凝土的弹性模量。

（3）测定混凝土弹性模量时，变形测量仪应安装在试件两侧的中线上并对称于试件的两端。

（4）调整试件在压力试验机上的位置，使其轴心与下压板的中心线对准。开动压力试验机，当上压板与试件接近时调整球座，使其接触均衡。

（5）加荷至基准应力为 0.5 MPa 的初始荷载值 F。保持恒载 60 s，并在以后的 30 s 内记录每测点的变形读数。立即连续均匀地加荷至应力为轴心抗压强度 $f_{cq}$ 的 1/3 的荷载值 $F_a$ 保持恒载 60 s，并在以后的 30 s 内记录每一测点的变形读数。所用加荷速度应连续均匀：混凝土强度等级小于 C30 时，加荷速度取每秒钟 0.3~0.5 MPa；混凝土强度等级大于等于 C30 且小于 C60 时，取每秒钟 0.5~0.8 MPa；混凝土强度等级大于等于 C60 时，取每秒钟 0.8~1.0 MPa。

（6）当以上这些变形值之差与它们平均值之比大于 20% 时，应重新对中试件后重复第 5 步的试验。如果无法使其减少到低于 20% 时，则此次试验无效。

（7）在确认试件对中符合第 6 步规定后，以与加荷速度相同的速度卸荷至基准应力 0.5 MPa（$F_0$），恒载 60 s；然后用同样的加荷和卸荷速度以及 60 s 的保持恒载（$F_0$）及 $F_a$ 至少进行两次反复预压。在最后一次预压完成后，在基准应力 0.5 MPa（$F_0$）持荷 60 s 并在以后的 30 s 内记录每一测点的变形读数 $\varepsilon_0$；再用同样的加荷速度加荷至 $F_a$ 持荷 60 s 并在以后的 30 s 内记录每一测点的变形读数 $\varepsilon_a$，如图 3-1 所示。

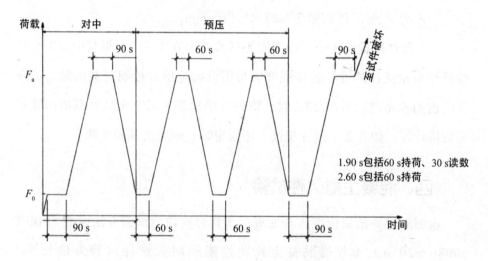

图 3-1 弹性模量试验加载过程

（8）卸除变形测量仪，以同样的速度加荷至破坏，记录破坏荷载；如果试件的抗压强度与试件轴心抗压强度（$f_{cq}$）之差超过试件轴心抗压强度（$f_{cq}$）的 20% 时，则应在报告中注明。

**3. 检测结果**

（1）混凝土弹性模量值按下式计算，计算精确至 100 MPa：

$$E_c = \frac{F_a - F_0}{A} \times \frac{L}{\Delta n}$$

$$\Delta n = \varepsilon_a - \varepsilon_0$$

式中：$E_c$ 为混凝土弹性模量，MPa；

$F_a$ 为应力为 1/3 轴心抗压强度时的荷载，N；

$F_0$ 为应力为 0.5 MPa 时的初始荷载，N；

$A$ 为试件承压面积，$mm^2$；

$L$ 为测量标距，mm；

$\Delta n$ 为最后一次从 $F_0$ 加荷至 $F_a$ 时试件两侧变形的平均值，mm；

$\varepsilon_a$ 为 $F_a$ 时试件两侧变形的平均值，mm；

$\varepsilon_0$ 为 $F_0$ 时试件两侧变形的平均值，mm。

（2）弹性模量按 3 个试件测值的算术平均值计算。如果其中有 1 个检验弹性模量试件的轴心抗压强度值与用以确定检验控制荷载的轴心抗压强度值相差超过后者的 20% 时，则弹性模量值按另 2 个试件测值的算术平均值计算，如有 2 个试件超过上述规定时，则此次试验无效。

# 四、混凝土耐久性试验

检测的主要依据标准:《普通混凝土拌合物性能试验方法标准》（GB/T 50080—2016）、《普通混凝土长期性能和耐久性能试验方法标准》（GB/T 50082—2009）。

试件的制作和养护按《普通混凝土力学性能试验方法标准》（GB/T 50081—2002）进行。制作长期性能和耐久性试验用试件时，不应采用憎水性脱模剂，宜同时制作与相应耐久性试验龄期对应的混凝土立方体抗压强度用试件。除特别指明外，所有试件的各边长、直径、高度的公差不得超过 1 mm。

## （一）混凝土抗渗性检测

### 1.渗水高度法

（1）主要仪器。

①混凝土抗渗仪:符合《混凝土抗渗仪》（JG/T 249—2009）的规定，

并应能使水压按规定的刻度稳定地作用在试件上。抗渗仪施加压力范围为 0.1~2.0 MPa。

②试模：圆台体，上口内部直径为 175 mm，下口内部直径为 185 mm，高度 150 mm。

③密封材料：石蜡加松香或水泥加黄油，或橡胶套等其他有效密封材料。

④梯形板：由尺寸为 200 mm × 200 mm 的透明材料制成，并画有十条等间距、垂直于梯形底线的直线。

⑤钢尺：分度值 1 mm。

⑥钟表：分度值 1 min。

⑦辅助工具：加压器、烘箱、电炉、浅盘、铁锅、钢丝刷、灰刀。

（2）检测步骤。

①制作一组 6 个圆台体抗水渗透试件。试件拆模后，用钢丝唰唰去两端面的水泥浆膜，送入标准养护室进行养护。

②抗水渗透试验龄期一般为 28 d。在达到试验龄期的前 1 d，从养护室取出试件，擦拭干净，表面晾干后进行试件密封。

当用石蜡密封时，石蜡中加入少量松香，熔化后裹涂于试件侧面，然后将试件用加压器压入经预热的试模中，压至试件与试模底平齐，试模变冷后解除压力。试模的预热温度达到以石蜡接触试模，即缓慢熔化，但不流淌为准。

用水泥黄油密封时，其质量比应为（2.5~3）：1。用灰刀将密封材料均匀地刮涂在试件侧面，厚度为 1~2 mm，套上试模，将试件压入，使试件与试模底齐平。

试件密封也可采用其他更可靠的密封方式。

③试件准备好之后，启动抗渗仪，打开 6 个试位下的阀门，使水充满

试位坑，关闭 6 个试位下的阀门，将试件安装在抗渗仪上。

④开通 6 个试位下的阀门，使水压在 24 h 内恒定控制在（1.2+0.05）MPa，且加压过程不应大于 5 min，以达到稳定压力的时间作为试验记录起始时间（精确至 1 min）。在稳压过程中随时观察试件端面的渗水情况，当某个试件端面出现渗水时，停止该试件的试验并记录时间，以该试件的高度作为该试件的渗水高度。对于端面未出现渗水情况的，应在试验 24 h 后停止试验，并及时取出试件。在试验过程中，发现水从试件周边渗出，应重新进行密封。

⑤试件从抗渗仪上取出放在压力机上，在试件上下两端面中心处沿直径方向各放一根直径为 6 mm 的钢垫条，并确保它们在同一竖直平面内。然后开动压力机，将试件沿纵断面劈裂成为两半。试件劈开后，用防水笔描出水痕。

⑥将梯形板放在试件劈裂面上，用钢尺沿水痕等间距量测 10 个测点的渗水高度值，精确至 1 mm。当读数时若遇到某个测点被骨料阻挡，可取靠近骨料两端的渗水高度平均值作为该测点的渗水高度。

（3）检测结果。

渗水高度按下式计算：

$$\overline{h}_i = \frac{1}{10}\sum_{j=1}^{10} h_j, \overline{h} = \frac{1}{6}\sum_{i=1}^{6} \overline{h}_i$$

式中：$h_j$ 为第 $i$ 个试件第 $j$ 个测点处的渗水高度，mm；

$\overline{h}_i$ 为第 $i$ 个试件平均渗水高度，mm；

$\overline{h}$ 为一组 6 个试件的平均渗水高度，mm。

**2.逐级加压法**

（1）主要仪器。

①混凝土抗渗仪：符合《混凝土抗渗仪》（JG/T 249—2009）的规定，

并应能使水压按规定的刻度稳定地作用在试件上。抗渗仪施加压力范围为 0.1~2.0 MPa。

②试模：圆台体，上口内部直径为 175 mm，下口内部直径为 185 mm，高度 150 mm。

③密封材料：石蜡加松香或水泥加黄油，或橡胶套等。

④钢尺：分度值 1 mm。

⑤钟表：分度值 1 min。

⑥辅助工具：加压器、烘箱、电炉、浅盘、铁锅、钢丝刷、灰刀。

（2）检测步骤。

①试件制作安装同渗水高度法。

②试验加压，从 0.1 MPa 开始，以后每隔 8 h 增加 0.1 MPa 水压，随时观察试件端面的渗水情况，当 6 个试件中有 3 个试件表面出现渗水时，或加压至规定压力（设计抗渗等级）在 8 h 内 6 个试件中表面渗水试件少于 3 个，停止试验，并记下此时的水压。在试验过程中，发现水从试件周边渗出，应重新进行密封。

（3）检测结果。

混凝土抗渗等级以 6 个试件中 4 个试件未出现渗水的最大水压乘以 10 来确定，按下式计算：

$$P=10H-1$$

式中：$P$ 为混凝土抗渗等级；

　　　$H$ 为 6 个试件中 3 个试件出现渗水时的水压力，MPa。

## （二）混凝土抗冻性检测（慢冻法）

### 1. 主要仪器

（1）冻融试验箱：能通过气冻水融进行冻融循环。在满载运行时，冷冻期间冻融试验箱空气的温度能保持在 −20~−18 ℃；融化期间冻融试验箱水的温度能保持在 18~20 ℃ ；满载时冻融试验箱内各点温度级差不应超过 2 ℃。

（2）自动冻融设备:具有控制系统自动控制、数据曲线实时动态显示、断电记忆和试验数据自动存储等功能。

（3）试验架：不锈钢或其他耐腐材料制作，尺寸与冻融试验箱和所装试件相适应。

（4）称量设备：最大量程 20 kg，感量不超过 5 g。

（5）压力试验机：符合《普通混凝土力学性能试验方法标准》（GB/ T 50081—2019）相关要求。

（6）温度传感器：测量范围不小于 −20~20 ℃，测量精度为 ± 0.5 ℃。

**2. 试件准备**

试验试件尺寸为 100 mm × 100 mm × 100 mm 的立方体，一组 3 块。

**3. 检测步骤**

（1）标准养护或同条件养护的试件应在养护龄期为 24 d 时提前将试件从养护地点取出，随后应将试件放在（20 ± 2）℃水中浸泡，水面应高出试件顶面 20~30 mm，时间为 4 d。始终在水中养护的试件，当养护龄期达到 28 d 时，可直接进行后续试验。

（2）试件养护到 28 d 及时取出，用湿布擦除表面水分，对外观尺寸进行测量（尺寸要符合《普通混凝土长期性能和耐久性能试验方法标准》要求）、编号、称重后置入试验架内，试验架与试件接触的面积不宜超过试件底面积的 1/5。试件与箱体内壁之间至少留有 20 mm 的空隙。

（3）冷冻时间应在冻融箱内温度降至 −18 ℃时开始计算。每次装完试件到温度降至 −18 ℃所需的时间应在 1.5~2.0 h 内。

（4）每次冻融循环中试件的冷冻时间不应小于 4 h。

（5）冷冻结束后，立即加入温度为 18~20 ℃的水，使试件转入融化状态，加水时间不应超过 10 min。控制系统应确保 30 min 内，水温不低于 10 ℃，且在 30 min 后水温能保持在 18~20 ℃。冻融箱内的水位应至少高出试件表面 20 mm。融化时间不应小于 4 h。融化完毕视为该次冻融循环结束，可进入下一次冻融循环。

（6）每 25 次循环后宜对试件进行一次外观检查。当出现严重破坏时，应立即进行称重。当一组试件的平均质量损失超过 5% 时，可停止试验。

（7）试件达到规定的冻融循环次数后，试件进行称重及外观检查，应详细记录试件表面破损、裂缝及边角缺损情况。试件严重破坏时，先用高强石膏找平，然后按《普通混凝土力学性能试验方法标准》（GB/T 50081—2019）的相关规定抗压。

（8）当冻融循环因故中断且试件处于冷冻状态，试件应继续保持冷冻状态，直至恢复冻融循环试验为止。当试件处于融化状态因故中断试验，中断时间不应超过两个冻融循环时间。整个试验过程中，超过两个冻融循环时间的中断故障次数不得超过两次。

（9）部分试件由于失效破坏或停止试验被取出，应用空白试件填充空位。

（10）对比试件应继续保持原有的养护条件，直到完成冻融循环后，与冻融循环的试件同时进行抗压强度试验。

**4.检测结果**

（1）出现下列情况之一，停止试验。

①达到规定的循环次数；

②抗压强度损失率已达 25%；

③质量损失率已达 5%。

（2）结果计算及处理。

①强度损失率按下式计算，精确至 0.1%：

$$\Delta f_c = \left[ (f_{c0} - f_{cn}) / f_{c0} \right] \times 100$$

式中：$\Delta f_c$ 为 $n$ 次冻融循环后的混凝土抗压强度损失率，%；

$\quad\quad f_{c0}$ 为对比的一组混凝土试件的抗压强度测定值（精确至 0.1 MPa），

$\quad\quad$ MPa；

$\quad\quad f_{cn}$ 为 $n$ 次冻融循环后的一组混凝土抗压强度测定值（精确至 0.1 MPa），

$\quad\quad$ MPa。

$f_{c0}$ 和 $f_{cn}$ 以三个试件抗压强度试验结果的算数平均值作为测定值。当三个值中最大值或最小值与中间值之差超过中间值的 15%，应剔除此值，再取其余两值的算数平均值作为测定值；当三个值中最大值和最小值与中间值之差均超过中间值的 15%，应取中间值作为测定值。

②单个试件的质量损失率按下式计算，精确至 1%：

$$\Delta W_{ni} = \left[ (W_{0i} - W_{ni}) / W_{0i} \right] \times 100$$

式中：$\Delta W_{ni}$ 为 $n$ 次冻融循环后，第 $i$ 个混凝土试件的质量损失率，%；

$\quad\quad W_{0i}$ 为冻融循环试验前，第 $i$ 个混凝土试件的质量，g；

$\quad\quad W_{ni}$ 为 $n$ 次冻融循环后，第 $i$ 个混凝土试件的质量，g。

③一组试件的平均质量损失率按下式计算，精确至 0.1%：

$$\Delta W_n = \frac{1}{3} \left( \sum_{i=1}^{3} \Delta W_{ni} \right) \times 100$$

式中：$\Delta W_n$ 为 $n$ 次冻融循环后，一组混凝土试件的平均质量损失率，%。

④每组试件的平均质量损失率应以三个试件的质量损失率试验结果的算数平均值作为测定值，当某个试验结果出现负值，应取 0，再取三个试件的算数平均值。当三个值中最大值或最小值与中间值之差超过 1%，剔除此值，再取其余两值的算数平均值作为测定值；当三个值中最大值和最小值与中间值之差均超过 1%，应取中间值作为测定值。

⑤抗冻标号应以抗压强度损失率不超过 25% 或质量损失率不超过 5%

时的最大冻融循环次数按规定确定。

### （三）给定条件下混凝土中钢筋锈蚀检测

**1.主要仪器**

（1）混凝土碳化试验设备：包括碳化箱、供气装置及气体分析仪。

（2）钢筋定位板：宜采用木质五合板或薄木板等材料制作，尺寸应为100 mm×100 mm，板上应钻有穿插钢筋的圆孔，如图3-2所示。

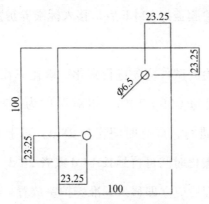

图3-2　钢筋定位板示意图

（3）称量设备：最大量程应为1 kg，感量应为0.001 g。

**2.试件的制作与处理**

（1）采用尺寸为100 mm×100 mm×300 mm的棱柱体试件，每组应为3块。

（2）试件中埋置的钢筋应采用直径为6.5 mm的Q235普通低碳钢热轧盘条调直截断制成，其表面不得有锈坑及其他严重缺陷。每根钢筋长应为（299±1)mm，用砂轮将其一揣摩出长约30 mm的平面，并用钢字打上标记。钢筋应采用12%盐酸溶液进行酸洗，并经清水漂净后，用石灰水中和，再用清水冲洗干净，擦干后应在干燥器中至少存放4 h，然后应用天平称取每根钢筋的初重（精确至0.001 g）。钢筋应存放在干燥器中备用。

（3）试件成型前应将套有定位板的钢筋放入试模，定位板应紧贴试模的两个端板，安放完毕后使用丙酮擦净钢筋表面。

（4）试件成型后，在（20±2）℃的温度下盖湿布养护24 h后编号拆模，并应拆除定位板。然后应用钢丝刷将试件两端部混凝土刷毛，并用水灰比小于试件用混凝土水灰比、水泥和砂子比例为1：2的水泥砂浆抹上不小于20 mm厚的保护层，并应确保钢筋端部密封质量。试件应在就地潮湿养护（或用塑料薄膜盖好）24 h后，移入标准养护室养护至28 d。

3.检测步骤

（1）钢筋锈蚀试验的试件应先进行碳化，碳化应在28 d龄期时开始。碳化在二氧化碳浓度为（20±3）%、相对湿度为（70±5）%和温度为（20±2）℃的条件下进行，碳化时间应为28 d。对于有特殊要求的混凝土中钢筋锈蚀试验，碳化时间可再延长14 d或者28 d。

（2）试件碳化处理后应立即移入标准养护室放置。在养护室中，相邻试件间的距离不应小于50 mm，并应避免试件直接淋水。在潮湿条件下存放56 d后将试件取出，然后破型，破型时不得损伤钢筋。先测出碳化深度，然后进行钢筋锈蚀程度的测定。

（3）试件破型后，取出试件中的钢筋，并刮去钢筋上黏附的混凝土。用12%盐酸溶液对钢筋进行酸洗，经清水漂净后，再用石灰水中和，最后以清水冲洗干净。将钢筋擦干后在干燥器中至少存放4 h，然后对每根钢筋称重（精确0.001 g），并计算钢筋锈蚀失重率。酸洗钢筋时，在洗液放入两根尺寸相同的同类无锈钢筋作为基准校正。

4.检测结果

（1）钢筋锈蚀失重率应按下式计算，精确至0.01：

$$L_w = \frac{\omega_0 - \omega - \dfrac{(\omega_{01} - \omega_1) + (\omega_{01} - \omega_2)}{2}}{2} \times 100$$

式中：$L_w$ 为钢筋锈蚀失重率，%；

　　　$\omega_0$ 为钢筋未锈前质量，g；

　　　$\omega$ 为锈蚀钢筋经过酸洗处理后的质量，g；

　　　$\omega_{01}$、$\omega_{02}$ 分别为基准校正用的两根钢筋的初始质量，g；

　　　$\omega_1$、$\omega_2$ 分别为基准校正用的两根钢筋酸洗后的质量，g。

（2）每组取 3 个混凝土试件中钢筋锈蚀失重率的平均值作为该组混凝土试件中钢筋锈蚀失重率测定值。

## 五、混凝土强度无损检测

在正常情况下，混凝土强度的验收和评定应按现行有关国家标准执行。当对结构中的混凝土有强度检测要求时，可采用现场无损检测法，如"超声－回弹综合测强法用推定结构混凝土的强度"，作为混凝土结构处理的一个依据。此法不适用于检测因冻害、化学侵蚀、火灾、高温等已造成表面疏松、剥落的混凝土。

### （一）主要仪器

第一，回弹仪：数字式和指针直读式回弹仪应符合国家计量检定规程《回弹仪检定规程》（JJG 817—2011）的要求。回弹仪使用时，环境温度应为 -4~40 ℃。水平弹击时，在弹击锤脱钩的瞬间，回弹仪弹击锤的冲击能量应为 2.207 J；弹击锤与弹击杆碰撞的瞬间，弹击拉簧应处于自由状态，且弹击锤起跳点应位于指针指示刻度上的"0"位；在洛氏硬度 HRC 为 60±2 的钢砧上，回弹仪的率定值应为 80±2。数字式回弹仪应带有指针直读示值系统，数字显示的回弹值与指针直读示值相差不超过 1。

第二，混凝土超声波检测仪：有模拟式和数字式，应符合现行行业标准《混凝土超声波检测仪》（JG/T 5004—1992）的要求，超声波检测仪器使用的环境温度应为 0~40 ℃。具有波形清晰、显示稳定的示波装置；声波最小分度值为 0.1 μs；具有最小分度值为 1 dB 的信号幅度调整系统；接收放大器频响范围 10~500 kHz，总增益不小于 80 dB，接收灵敏度（信噪比 3∶1 时）不大于 50 V；电源电压波动范围在标称值 ±10% 情况下能正常工作；连续正常工作时间不少于 4 h。

第三，换能器：换能器的工作频率宜在 50~100 kHz 范围内，换能器的实测主频与标称频率相差不应超过 ±10%。

## （二）检测步骤

结构或构件上的测区应编号，并记录测区位置和外观质量情况。对结构或构件的每一测区，应先进行回弹测试，后进行超声测试。

### 1. 检测数量

（1）按单个构件检测时，应在构件上均匀布置测区，每个构件上测区数量不应少于 10 个。

（2）同批构件按批抽样检测时，构件抽样数不应少于同批构件的 30%，且不应少于 10 件。

对一般施工质量的检测和结构性能的检测，可按照现行国家标准《建筑结构检测技术标准》（GB/T 50344—2019）的规定抽样。

（3）对某一方向尺寸不大于 4.5 m 且另一方向尺寸不大于 0.3 m 的构件，其测区数量可适当减少，但不应少于 5 个。

### 2. 构件的测区布置

（1）测区宜优先布置在构件混凝土浇筑方向的侧面。

（2）测区可在构件的两个对应面、相邻面或同一面上布置。

（3）测区宜均匀布置，相邻两侧区的间距不宜大于 2 m。

（4）测区应避开钢筋密集区和预埋件。

（5）测区尺寸宜为 200 mm×200 mm，采用平测时宜为

400 mm × 400 mm。

（6）测试面应清洁、平整、干燥，不应有接缝、施工缝、饰面层、浮浆和油垢，并应避开蜂窝、麻面部位。必要时，可用砂轮片清除杂物和磨平不平整处，并擦净残留粉尘。

### 3.回弹值测试

（1）回弹测试时，应始终保持回弹仪的轴线垂直于混凝土测试面。宜首先选择混凝土浇筑方向的侧面进行水平方向测试。如不具备浇筑方向侧面水平测试的条件，可采用非水平状态测试，或测试混凝土浇筑的顶面或底面。

（2）测量回弹值应在构件测区内超声波的发射和接收面各弹击 8 点；超声波单面平测时，可在超声波的发射和接收测点之间弹击 16 点。每一测点的回弹值，测读精确度至 1。

（3）测点在测区范围内宜均匀布置，但不得布置在气孔或外露石子上。相邻两测点的间距不宜小于 30 mm；测点距构件边缘或外露钢筋、铁件的距离不应小于 50 mm，同一测点只允许弹击一次。

### 4.超声波声时测试

（1）超声测点应布置在回弹测试的同一测区内，每一测区布置 3 个测点。超声测试宜优先采用对测或角测，当被测构件不具备对测或角测条件时，可采用单面平测。

（2）超声测试时，换能器辐射面应通过耦合剂与混凝土测试面良好耦合。

（3）声时测量应精确至 0.1 s，超声测距测量应精确至 1.0 mm，且测量误差不应超过 ±1%。声速计算应精确至 0.01 km/s。

## （三）检测结果

### 1. 回弹值计算

测区回弹代表值从该测区的 16 个回弹值中剔除 3 个较大值和 3 个较小值，根据其余 10 个有效回弹值按下列公式计算，精确至 0.1：

$$R = \frac{1}{10} \sum_{i=1}^{10} R_i$$

式中：$R$ 为测区回弹代表值，取有效测试数据的平均值；

$R_i$ 为第 $i$ 个测点的有效回弹值。

（1）非水平状态下测得的回弹值，应按下列公式修正：

$$R_a = R + R_{a\alpha}$$

式中：$R_a$ 为修正后的测区回弹代表值；

$R_{a\alpha}$ 为测试角度为 $\alpha$ 时的测区回弹修正值。

（2）在混凝土浇筑的顶面或底面测得的回弹值，应按下列公式修正：

$$R_a = R + \left( R_a^b + R_a^t \right)$$

式中：$R_a^t$ 为测量顶面时的回弹修正值；

$R_a^b$ 为测量底面时的回弹修正值。

（3）测试时回弹仪处于非水平状态，同时测试面又非混凝土浇筑方向的侧面，则应对测得的回弹值先进行角度修正，然后对角度修正后的值再进行顶面或底面修正。

### 2. 超声波声速值计算

（1）当在混凝土浇筑方向的侧面对测时，测区混凝土中声速代表值应根据该测区中 3 个测点的混凝土中声速值，按下列公式计算：

$$v = \frac{1}{3} \sum_{i=1}^{3} \frac{l_i}{t_i - t_0}$$

式中：$v$ 为测区混凝土中声速代表值，km/s；

$l_i$ 为第 $i$ 个测点的超声测距，mm，角测时测距按《超声回弹综合法检测混凝土强度技术规程》（CECS02∶2005）附录 B 第 B.1 节计算；

$t_i$ 为第 $i$ 个测点的声时读数，μs；

$t_0$ 为声时初读数，μs。

（2）当在混凝土浇筑的顶面或底面测试时，测区声速代表值应按下列公式修正：

$$v_a = \beta \cdot v$$

式中：$v_a$ 为修正后的测区混凝土中声速代表值，km/s；

$\beta$ 为超声测试面的声速修正系数，在混凝土浇筑的顶面和底面间对测或斜测时，$\beta$=1.034；在混凝土浇灌的顶面或底面平测时，测区混凝土中声速代表值应按《超声回弹综合法检测混凝土强度技术规程》计算和修正。

### （四）混凝土强度推定

计算混凝土抗压强度换算值时，非同一测区内的回弹值和声速值不得混用。

1. 结构或构件中，个测区的混凝土抗压强度换算值推定（精确至 0.1 MPa）

当粗骨料为卵石时：

$$f_{cu,i}^c = 0.0056 v_{ai}^{1.439} R_{ai}^{1.769}$$

当粗骨料为碎石时：

$$f_{cc,i}^c = 0.0162 v_{ai}^{1.656} R_{ai}^{1.410}$$

式中：$f_{cu,i}^e$ 为第 $i$ 个测区混凝土抗压强度换算值，MPa；

$R_{ai}$ 为测区回弹代表值；

$v_{ai}$ 为测区声速代表值，km/s。

2. 结构或构件混凝土抗压强度推定值 $f_{cu,e}$

按下列规定确定：

（1）当结构或构件的测区抗压强度换算值中出现小于 10 MPa 的值时，该构件的混凝土抗压强度推定值取小于 10 MPa。

（2）当结构或构件中测区数少于 10 个时，$f_{cu,e}$ 取结构或构件最小的测区混凝土抗压强度换算值，精确至 0.1 MPa。

（3）当结构或构件中测区数不少于 10 个或按批量检测时，$f_{cu,e}$ 按下式计算：

$$f_{cu,e} = m_{f_{cu}^c} - 1.645 s_{f_{cu}^c}$$

式中：$m_{f_{cu}^c}$ 为结构或构件测区混凝土抗压强度换算值的平均值（精确至 0.1 MPa）；

$s_{f_{cu}^c}$ 为结构或构件测区混凝土抗压强度换算值的标准差（精确至 0.1 MPa）。

（4）对按批量检测的构件，当一批构件的测区混凝土抗压强度标准差出现下列情况之一时，该批构件应全部重新按单个构件进行检测：

①一批构件的混凝土抗压强度平均值 $m_{f_{cu}^c} < 25.0$ MPa，标准差 $s_{f_{cu}^c} > 4.50$ MPa；

②一批构件的混凝土抗压强度平均值 $m_{f_{cu}^c} = 25.0 \sim 50.0$ MPa，标准差 $s_{f_{cu}^c} > 5.50$ MPa；

③一批构件的混凝土抗压强度平均值 $m_{f_{cu}^c} > 50.0$ MPa，标准差 $s_{f_{cu}^c} > 6.50$ MPa。

# 第四节　砌墙砖结构材料

## 一、砌墙砖概述

砌墙砖是指以黏土、工业废料及其他地方资源为主要原料，由不同工艺制成，在建筑中用来砌筑墙体的砖。砌墙砖可分为普通砖、空心砖两类，其中孔洞数量多、孔径小的空心砖又称为多孔砖。

## （一）分类

按照生产工艺可分为烧结砖（经焙烧制成的砖）和非烧结砖［经碳化或蒸汽（压）养护硬化而成的砖］。

按照孔洞率可分为实心砖（没有孔洞或孔洞率 <15% 的砖）、多孔砖（孔洞率 215%，孔的尺寸小而数量多的砖）和空心砖（孔洞率 ≥ 15%，孔的尺寸大而数量少的砖）。

### 1.烧结普通砖

烧结普通砖是以黏土、页岩、煤矸石、粉煤灰为主要原料，经过制备、成型、干燥和灼烧而成的，烧结普通砖按照原材料可分为烧结黏土砖（N）、烧结页岩砖（Y）、烧结煤矸石砖（M）和烧结粉煤灰砖（F）。

（1）生产工艺。

烧结砖生产工艺过程总的来讲由原料的制备、坯体成型、湿坯干燥和成品焙烧四部分组成。制砖原料经采掘之后，有的原料经加水搅拌和碾炼设备处理就可以了，有的如山土、煤矸石和页岩等原料，还要经过破碎和细碎之后再加水搅拌和碾炼才行。原料选择和制备的好坏宜接影响到成品砖的质量好坏，所以说原料是制作烧结砖的根本，就说明了原料与原料制备的重要性。总之，烧结砖的形成是砖坯经高温焙烧，使部分物质熔融，冷凝后将未经焰融的颗粒黏结在一起成为整体。当焙烧温度不足时，熔融物太少，难以充满砖体内部，黏结不牢，这种砖称为欠火砖。欠火砖孔隙率大，强度低，抗冻性差，外观颜色较浅，为有缺陷砖。当焙烧温度过高时，砖内熔融物过多，造成高温下的砖体变软，此时砖在点支撑下易产生弯曲变形，这种砖称为过火砖。

（2）技术要求。

根据《烧结普通砖》（GB/T 5101—2017）规定，强度、抗风化性能和放射性物质合格的砖，根据尺寸偏差、外观质量、泛霜和石灰爆裂分为优等品（A）、一等品（B）和合格品（C）三个质量等级。

①尺寸偏差。

烧结砖的规格标准尺寸为 240 mm×115 mm×53 mm。

通常将 240 mm×115 mm 面称大面，将 240 mm×53 mm 面称条面，将 115 mm×53 mm 面称顶面。考虑砌筑灰缝厚度 10 mm 则 4 皮砖长，8 皮砖宽，16 皮砖厚分别为 1 m，每立方米砖砌体需用砖 512 块。

②外观质量。

外观质量包括条面高度差、弯曲程度、杂质含量、缺棱掉角、裂纹程度、色泽均匀度等项指标。

③强度等级。

烧结普通砖根据 10 块砖样的抗压强度平均值、强度标准值和单块最小抗压强度值，分为 MU30、MU25、MU20、MU15、MU10 五个强度等级。

④抗风化性能。

抗风化性能是指砖在长期受风、雨、冻融等作用下，抵抗破坏的能力。通常以其抗冻性、吸水率及饱和系数（此处的饱和系数是指砖在常温下浸水 24 h 后的吸水率与 5 h 沸煮吸水率之比）等指标来判别。自然条件不同，对烧结普通砖风化作用的程度也不同。国内的黑龙江省、吉林省、辽宁省、内蒙古自治区、新疆维吾尔自治区、宁夏回族自治区、甘肃省、青海省、陕西省、山西省、河北省、北京市、天津市属于严重风化区，其他省区属于非严重风化区。严重风化区中的前五个省区用砖必须进行冻融试验（经 15 次冻融试验后每块砖样不允许出现裂纹、分层、掉皮、缺棱掉角等冻坏现象，质量损失不得大于 2%）。

⑤泛霜。

泛霜是砖使用过程中的一种盐析现象。砖内过量的可溶盐受潮吸水而溶解，随水分蒸发迁移至砖表面，在过饱和状态下结晶析出，形成白色粉状附着物，影响建筑物的美观。如果溶盐为硫酸盐，当水分蒸发呈晶体析出时产生膨胀，使砖面及砂浆剥落。

标准规定：优等品无泛霜，一等品不允许出现中等泛霜，合格品不允许出现严重泛霜。

⑥石灰爆裂。

打灰爆裂是指砖坯中夹杂有石灰块，砖吸水后，由于石灰逐渐熟化而膨胀产生的爆裂现象。这种现象影响砖的质量，并降低砌体强度。标准规定：优等品不允许出现最大破坏尺寸大于 2 mm 的爆裂区域；一等品不允许出现最大破坏尺寸大于 10 mm 的爆裂区域，在 2~10 mm 的爆裂区域，每组砖样不得多于 15 处；合格品不允许出现最大破坏尺寸大于 15 mm 的爆裂区域，在 2~15 mm 的爆裂区域，每组砖样不得多于 15 处。其中大于 10 mm 的不得多于 7 处。

（3）烧结普通砖的应用。

烧结普通砖是传统的墙体材料，具有强度较高、耐久性和绝热性好的优点，因而主要用于砌筑建筑物的内墙、外墙、柱、拱、烟囱、沟道及其他构筑物，其中优等品用于清水墙和墙体装饰，一等品、合格品用于混水墙，中等泛霜的砖不能用于潮湿部位。

需要指出的是，烧结普通砖中的黏土砖，因其毁田取土严重、能耗大、块体小、施工效率低、砌体自重大、抗震性差等缺点，国家已在主要大中城市及地区禁止使用，重视烧结多孔砖、烧结空心砖的推广使用，因地制宜地发展新型墙体材料。利用工农业废料生产的砖（粉煤灰砖、煤矸石砖、页岩砖等）以及砌块、板材正在逐步发展起来，并将逐步取代普通黏土砖。

### 2.烧结多孔砖和烧结空心砖

烧结多孔砖和多孔砌砖是以黏土、页岩、煤矸石、粉煤灰、淤泥（江、河、湖淤泥）及其他固体废弃物等为主要原料，经焙烧制成，主要用于建筑物承重部位的多孔砖和多孔砌块，分为黏土砖和黏土砌块（N）、页岩砖和页岩砌块（Y）、煤矸石砖和煤矸石砌块（M）、粉煤灰砖和粉煤灰砌块（F）、淤泥砖和淤泥砌块（U）、固体废弃物砖和固体废弃物砌块（G）。孔洞率不小于15%的称多孔砖；孔洞率大于或等于35%的称空心砖。烧结多孔砌块是经焙烧而成，孔洞率大于或等于33%，孔的尺寸小而数量多的砌块，主要用于承重部位。

与烧结普通砖相比，烧结多孔砖与烧结空心砖具有以下优点：节省黏土20%~30%；节约燃料10%~20%；提高工效10%；节约砂浆，降低造价20%；减轻墙体口重30%~35%；改善墙体的绝热和吸声性能。

（1）烧结多孔砖和多孔砌块。

烧结多孔砖和多孔砌块的各项技术指标应符合《烧结多孔砖和多孔砌块》GB 13544—2011）的规定。

①外形。

砖和砌块的外形为直角六面体。

②规格。

砖规格尺寸（mm）：290、240、190、180、140、115、90；

砌块规格尺寸（mm）：490、440、390、340、290、240、190、180、140、115、90；

常见烧结多孔砖有190 mm×190 mm×90 mm（M形）和240 mm×115 mm×90 mm（P形）两种规格。多孔砖大面有孔，孔多而小，孔洞率在15%以上。其孔洞尺寸为：圆孔直径小于或等于22 mm，非圆孔内切圆直径小于或等于 15 mm，手抓孔（30~40）mm×（75~85）mm。

③强度等级。

烧结多孔砖根据抗压强度分为 MU30、MU25、MU20、MU15、MU10 五个强度等级。

④密度等级。

多孔砖的密度等级分为 1 000 kg/m³、1 100 kg/m³、1 200 kg/m³、1 300 kg/m³ 四个等级，多孔砌块的密度等级分为 900 kg/m³、1 000 kg/m³、1 100 kg/m³、1 200 kg/m³ 四个等级。

（2）烧结空心砖、空心砌块。

烧结空心砖和空心砌块各项技术指标应符合《烧结空心砖和空心砌块》（GB 13545—2014）的规定。烧结空心砖和空心砌块是以黏土、页岩、煤矸石、粉煤灰为主要原料，经焙烧而成，主要用于建筑物非承重部位的空心砖和空心砌块，分为黏土砖和砌块（N）、页岩砖和砌块（Y）、煤矸石砖和砌块（M）、粉煤灰砖和砌块（F）。

根据《烧结空心砖和空心砌块》（GB 13545—2014）的规定，其主要技术要求如下。

①形状与规格尺寸。

烧结空心砖的外形为直角六面体，孔洞尺寸大而数量少，砖的壁厚应大于 10 mm，肋厚应大于 7 mm。烧结空心砖顶面有孔，与烧结多孔砖相比，孔大而少，孔洞为矩形条孔或其他孔形，孔洞平行于大面和条面，孔洞率一般在 35% 以上。砌筑时，孔洞水平方向放置，故又称为水平孔空心砖。

②强度等级。

按抗压强度划分为 MU10、MU7.5、MU5.0、MU3.5、MU2.5 五个等级。

③密度分级。

按体积密度划分为 800 kg/m³、900 kg/m³、1 000 kg/m³、1 100 kg/m³ 四个等级。

④产品等级。

每个密度级别根据空洞及其排数、尺寸偏差、外观质量、强度等级和物理性能分为优等品（A）、一等品（B）和合格品（C）。

⑤产品标记。

砖和砌块的产品标记按产品名称、类别、规格、密度等级、强度等级、质量等级和标准编号顺序编写。

⑥特点。

轻质、强度低、绝热；节土、节能。

（3）烧结多孔砖和烧结空心砖的应用。

烧结多孔砖因其强度较高，绝热性能优于普通砖，一般用于砌筑六层以下建筑物的承重墙；烧结空心砖主要用于非承重的填充墙和隔墙。

烧结多孔砖和烧结空心砖在运输、装卸过程中，应避免碰撞，严禁倾卸和抛掷。堆放时应按品种、规格、强度等级分别堆放整齐，不得混杂；砖的堆置高度不宜超过 2 m。

**3.蒸压（养）砖**

蒸压（养）砖属于硅酸盐制品，是以砂子、粉煤灰、煤矸石、炉渣、页岩和石灰加水拌和成型，经蒸压（养）而制得的砖。根据所用原材料不同有灰砂砖、粉煤灰砖、炉渣砖等。

（1）蒸压灰砂砖。

蒸压灰砂砖（简称灰砂砖）是以石灰和砂为主要原料，经配料制备、压制成型、蒸压养护而成的实心砖或空心砖。

①蒸压灰砂砖的技术性质。

根据国家标准《蒸压灰砂砖》（GB/T 11945—2019）规定，蒸压灰砂砖的尺寸为 240 mm×115 mm×53 mm，按抗压强度和抗折强度分为 MU25、MU20、MU15、MU10 四个强度等级，根据尺寸偏差和外观质量划分为优等品（A）、一等品（R）和合格品（C）三个质量等级。

②蒸压灰砂砖的应用。

蒸压灰砂砖与其他墙体材料相比，强度较高，蓄热能力显著，隔声性能十分优越，属于不可燃建筑材料，可用于多层混合结构的承重墙体，其中 MU15、MU20、MU25 灰砂砖可用于基础及其他部位，MU10 可用于防潮层以上的建筑部位。长期在高于 200 ℃温度下，受急冷、急热或有酸性介质的环境禁止使用蒸压灰砂砖。

（2）蒸压（养）粉煤灰砖。

蒸压（养）粉煤灰砖是以粉煤灰、石灰和水泥为主要原料，掺入适量的石膏、外加剂、颜料和骨料、经坯料制备、压制成型、高压或常压蒸汽养护而制成的实心砖。蒸压砖、蒸养砖只是养护工艺不同，但蒸压粉煤灰砖强度高，性能趋于稳定，而蒸养粉煤灰砖砌筑的墙体易出现裂缝。

①蒸压（养）粉煤灰砖的技术性质。

根据《粉煤灰砖》（JC 239—2001）中规定，按抗压强度和抗折强度划分为 MU30、MU25、MU20、MU15、MU10 五个强度等级。按外观质量、尺寸偏差、强度和干燥收缩值分为优等品（A）、一等品（B）、合格品（C）。

②蒸压（养）粉煤灰砖的应用。

蒸压粉煤灰砖可用于工业与民用建筑的基础、墙体。但应注意：

a. 在易受冻融和干湿交替作用的建筑部位必须使用优等品或一等品砖。用于易受冻融作用的建筑部位时要进行抗冻性检验，并采取适当措施，以提高建筑的耐久性。

b. 用粉煤灰砖砌筑的建筑物，应适当增设圈梁及伸缩缝或采取其他措施，以避免或减少收缩裂纹的产生。

c.粉煤灰砖出釜后，应存放一段时间后再用，以减少伸缩值；长期受高于 200 ℃温度作用，或受冷热交替作用，或有酸性侵蚀的建筑部位不得使用粉煤灰砖。

（3）蒸压炉渣砖。

蒸压炉渣砖是以炉渣为主要原料，加入适量石灰、石膏等材料，经混合、压制成型，蒸汽或蒸压养护而制成的实心砖，颜色呈黑灰色。

①蒸压炉渣砖的技术性质。

炉渣砖的公称尺寸为 240 mm×115 mm×53 mm，按其抗压强度和抗折强度分为 MU25、MU20、MU15、MU10 四个强度级别。各级别的强度指标应满足《炉渣砖》（JC/T 525—2007）的规定。

②炉渣砖的应用。

炉渣砖可用于一般工业与民用建筑的墙体和基础。但应注意：用于基础或易受冻融和干湿交替作用的建筑部位时必须使用 MU15 及以上的砖；不得用于长期受 200 ℃以上高温，或受急冷急热，或有侵蚀性介质侵蚀的建筑部位。

## （二）砖的砌筑施工

### 1.实心砖

普通砖墙常用的厚度一般有半砖（115 mm，俗称 12 墙），3/4 砖（178 mm，俗称 18 墙）、一砖（240 mm，俗称 24 墙）、一砖半（365 mm，俗称 37 墙）、两砖（480 mm，俗称 50 墙）等。

（1）砌筑形式。

用普通砖砌筑的砖墙，依其墙面组砌形式不同，常有以下几种：一顺一丁、梅花丁、全顺、三顺一丁等。

（2）普通砖墙砌筑要点。

①砖应在砌筑前 1~2 d 浇水润湿，灰缝应横平竖直，厚薄均匀，

37 mm 厚度以上的墙应双面挂线，墙角及交接处立起皮树干，杆间拉准线，每天砌筑高度不宜超过 1.8 m。

②墙角及交接处应同时砌筑，对不能同时砌筑必须留槎时，应砌成长度不超过高度 2/3 的斜槎；墙角以外可留直凸槎，但须设置拉结钢筋。

③为保证施工和墙体安全，不能留脚手架用的洞眼的部位：

a. 半砖墙；

b. 宽度小于 1 m 的窗间墙；

c. 梁及梁垫下及其左右 500 mm 范围内的墙；

d. 门窗洞口两侧 200 mm 和墙角处 450 mm 范围内的墙；

e. 过梁上按过梁净跨的 1/2 高度以及与过梁成 60° 的三角形范围内的墙。

**2. 多孔砖和空心砖**

（1）多孔砖的砌筑形式：M 形多孔砖只有全顺；P 形多孔砖有一顺一丁和梅花丁两种。

（2）空心砖的砌筑形式：一般侧立砌筑，空洞方面与地面平行。

（3）多孔砖建筑构造：按照《国家建筑标准设计图集》和《多孔砖墙体结构构造》标准图集执行。

### （三）建筑砌块

砌块是一种体积比砖大、比大板小的新型墙体材料，其外形多为直角六面体，也有各种异形的。砌块按规格可分为大型砌块、中型砌块和小型砌块；按用途可分为承重砌块和非承重砌块；按孔洞率分为实心砌块、空心砌块；按原料的不同可分为硅酸盐混凝土砌块、普通混凝土砌块、轻骨料混凝土砌块。

建筑砌块是一种比砌墙砖尺寸大的墙体材料，有适用性强、原料来源广、制作与使用方便等特点，常见的有粉煤灰砌块、混凝土砌块和蒸压加气混凝土砌块等。

**1.烧结空心黏土砌块**

黏土砌块与砖的区别就是其规格较大，具体尺寸规格较多，但其长度不得超过高度的 3 倍。近几年，黏土砌块基本上已经淘汰。

**2.蒸压加气混凝土砌块**

蒸压加气混凝土砌块（简称加气混凝土砌块），代号 ACB，它是以钙质材料和硅质材料为基本原料，经过磨细，并以铝粉为发气剂，按一定比例配合，再经过料浆浇筑、发气成型、坯体切割和蒸压养护等工艺制成的一种轻质、多孔的建筑材料。

如以粉煤灰、石灰、石膏和水泥等为基本原料制成的砌块，称为蒸压粉煤灰加气混凝土砌块；以磨细砂、矿渣粉和水泥等为基本原料制成的砌块，称为蒸压矿渣砂加气混凝土砌块。

①生产原料。

a.水泥、矿渣、砂 + 发气剂；

b.水泥、石灰、砂 + 发气剂；

c.水泥、石灰、粉煤灰 + 发气剂。

②生产工艺。

蒸压加气混凝土砌块是以钙质原料、硅质原料以及加气剂等，经过一系列工序制成的。

③蒸压加气混凝土砌块的规格尺寸。

《蒸压加气混凝土砌块》）（GB/T 11968—2020）规定，蒸压加气混凝土砌块一般有 a、b 两个系列。

④砌块的强度级别。

砌块按抗压强度分为 A1.0、A2.0、A2.5、A3.5、A5.0、A7.5、A10.0 七个强度级别。

⑤体积密度等级。

砌块按体积密度分为 B03、B04、B05、B06、B07、B08 六个体积密度级别。

⑥砌块的质量等级。

砌块按尺寸偏差、外观质量、体积密度和抗压强度分为优等品（A）、一等品（B）和合格品（C）三个质量等级。

⑦砌块的干燥收缩、抗冻性和导热系数。

砌块的干燥收缩、抗冻性和导热系数（干态）应符合规定。

⑧蒸压加气混凝土砌块的应用。

蒸压加气混凝土砌块质量轻，表观密度约为黏土砖的 1/3，具有保温、隔热、隔音性能好，抗震性强，耐火性好，易于加工，施工方便等特点，是应用较多的轻质墙体材料之一。适用于低层建筑的承重墙、多层建筑的间隔墙和高层框架结构的填充墙，也可用于一般工业建筑的围护墙。作为保温隔热材料，也可用于复合墙板和屋面结构中。

**3. 混凝土小型空心砌块**

普通混凝土小型空心砌块（代号 NHB）是以水泥为胶结材料，以砂、碎石或卵石为骨料，加水搅拌，振动加压成型，养护而成的小型空心砌块。

①规格尺寸。

砌块的主要规格尺寸为 390 mm×190 mm×190 mm。辅助规格尺寸可由供需双方协商，即可组成墙用砌块基本系列。

砌块按尺寸偏差和外观质量分为优等品（A）、一等品（B）和合格品（C）三个质量等级。

②强度。

按抗压强度分为 MU3.5、MU5.0、MU7.5、MU10.0、MU15.0、MU20.0 六个强度等级。

③混凝土小型空心砌块的应用。

混凝土小型空心砌块主要用于一般工业和民用建筑的墙体。对用于承重墙和外墙的砌块要求其干缩率小于 0.5 mm/m，非承重或内墙用的砌块其干缩率应小于 0.6 mm/m。砌块的抗渗性应根据《混凝土砌块和砖试验方法》（GB/T 4111—2013）所规定的方法试验，分为 S 和 Q 两级。Q 级只能用于无抗渗要求的部位。砌块的保温隔热性能随所用原料及空心率不同而有所差异，空心率为 50% 的普通水泥混凝土小型空心砌块的热导率为 0.26 W/( m·K )。

**4. 粉煤灰砌块**

粉煤灰砌块（代号 FB）是硅酸盐砌块中常用品种之一，又称粉煤灰硅酸盐砌块。粉煤灰砌块是以粉煤灰、炉渣等硅质材料为主要原料，掺入适量石灰、石膏加水拌匀，经振动成型、蒸汽养护而成。

①规格尺寸。

根据《粉煤灰砌块》的规定，粉煤灰砌块的主要规格尺寸有 880 mm × 380 mm × 240 mm 和 880 mm × 430 mm × 240 mm 两种。

②技术等级。

砌块的强度等级按立方体抗压强度分为 10 和 13 两个强度等级。按其外观质量、尺寸偏差和干缩性能分为一等品（B）和合格品（C）。

③粉煤灰砌块的应用。

粉煤灰砌块的干缩值比水泥混凝土大，弹性模量低于同强度的水泥混凝土制品。可用于耐久性要求不高的一般工业和民用建筑的围护结构和基础，但不适用于有酸性介质侵蚀、长期受高温影响和经受较大振动影响的建筑物。

**5. 石膏砌块**

石膏砌块是以建筑石膏为原料，经料浆拌和、浇筑成型、自然干燥或烘干制成，产品标准为《石膏砌块》（JC/T 698—2010）。

石膏砌块历史悠久、应用成熟，具有保温、隔声、防火、调节湿度、体积稳定性好、可回收利用等优点，成为近年来的一个研究热点。

**6. 泡沫混凝土砌块**

泡沫混凝土砌块的外形和性质类似于加气混凝土砌块，产品标准为《泡沫混凝土砌块》（JC/T 1062—2022）。

泡沫混凝土砌块主要用于框架结构，也可现浇作为外墙填充和内墙隔断，可用于抗震圈梁构造柱、多层建筑外墙或保温隔热复合墙体。

**7. 轻集料混凝土小型空心砌块**

轻集料混凝土小型空心砌块（代号 LHB）是由水泥、砂（轻砂或普通砂）、轻粗骨料、水等经搅拌、成型而得。

根据《轻集料混凝土小型空心砌块》（GB/T 15229—2011）的规定，轻集料混凝土小型空心砌块按砌块孔的排数分为五类：实心（0）、单排孔（1）、双排孔（2）、三排孔（3）和四排孔（4）。

按其密度可分为 500、600、700、800、900、1 000、1 200、1 400 八个等级；按其强度可分为 1.5、2.5、3.5、5.0、7.5、10.0 六个等级；按尺寸允许偏差和外脱质量分为一等品（R）、合格品（C）两个等级。

主要用于保温墙体（3.5 MPa）或非承重墙体、承重保温墙体（≥ 3.5 MPa）。

**8. 混凝土中型空心砌块**

混凝土中型空心砌块是指以水泥或无熟料水泥，配以一定比例的骨料，制成空心率大于或等于 25% 的制品。

规格：长度 500 mm，600 mm，800 mm，1 000 mm；宽度 200 mm，240 mm；高度 400 mm，450 mm，800 mm，900 mm。

用无熟料水泥或少熟料水泥配制的砌块属硅酸盐类制品，生产中应通过蒸汽养护或相关的技术措施以提高产品质量，这类砌块的干燥收缩值小于或等于 0.8 mm/m；经 15 次冻融循环后，其强度损失小于或等于 15%，外观无明显疏松、剥落和裂缝；自然碳化系数（1.15）× 人工碳化系数大于或等于 0.85。

**9. 粉煤灰硅酸盐中型砌块**

①生产原料有粉煤灰、石灰、石膏、骨料。

②规格：长 × 高 × 宽（mm）为 880×（380，430）×240（属中型砌块）。

③强度等级：按平均值、最小值划分为 10 级、13 级，相应强度值分别为 10 MPa、13 MPa。

# 二、烧结砖外观质量检验

根据《烧结普通砖》（GB/T 5101—2017）标准规定，烧结普通砖检验项目分出厂检验（包括尺寸偏差、外观质量和强度等级）和取式检验（包括出厂检验项目、抗风化性能、石灰爆裂和泛霜）两种。在接下来的任务中主要做出厂检验。

## （一）取样

烧结普通砖以 3.5 万 ~15 万块为一检验批，不足 3.5 万块也按一批计；随机抽样，外观质量检验数量 50 块；尺寸偏差检验的砖样从外观质量检验后的样品中抽取，数量为 20 块，其他项目的砖样从外观质量和尺寸偏差检验后的样品中抽取。抽样数量为：强度等级 10 块；泛霜、石灰爆裂、冻融及吸水率与饱和系数各 5 块。当只进行单项检验时，可直接从检验批中随机抽取。

## （二）尺寸测量

第一，量具砖用卡尺，分度值为 0.5 mm；钢直尺，分度值为 1 mm。

第二，测量方法。在砖的两个大面中间处，分别测量两个长度尺寸和两个宽度尺寸；在两个条面的中间处分别测量两个高度尺寸。当被测处有缺损或凸出时可在其旁边测量，应选择不利的一侧。

第三，结果评定分别以长度、宽度、高度的最大偏差值表示，精确至1 mm。

### （三）尺寸偏差检验

第一，用砖用卡尺测量砖的长度、宽度和高度。长、宽、高均应在砖的各相应面的中间处测量。每方向以两个测量尺寸的算术平均值表示，精确至 0.5 mm。

第二，计算样本平均偏差和样本极差。样本平均偏差是 20 块砖样规格尺寸的算术平均值减去其公称尺寸的差值；样本极差是抽检的 20 块砖样中同一方向最大测定值与最小测定值的差值。

第三，结果评定分别以长度、宽度、高度的最大偏差值表示，精确至1 mm，应符合规定。

## 三、烧结砖抗压、抗折强度检测

### （一）抗压强度试验

#### 1.试验目的

通过测定烧结普通砖的抗压强度，作为评定砖强度等级的依据，掌握《砌墙砖试验方法》（GB/T 2542—2012），能正确使用仪器设备评定砖的质量。

#### 2.主要仪器设备

第一，压力试验机（300~500 kN）：试验机的示值相对误差不大于1%，其下加压板应为球校支座，预期最大破坏荷载应在量程的20%~80%之间。

第二，抗压试件制备平台：试件制备平台必须平整水平，可用金属或其他材料制作。

第三，锯砖机或切砖器。

第四，水平尺：规格为 250~300 mm。

第五，钢直尺：分度值为 1 mm。

**3.试样**

试样数量：10 块。

**4.试件制备**

（1）一次性成型制样。

第一，一次性成型制样适用于采用样品中间部位切割，交错叠加灌浆制成强度试验试样的方式。

第二，将试样切断或锯成两个半截砖，断开的半截砖长不得小于 100 mm，如果不足 100 mm，应另取备用试样补足。

第三，将已断开的中截砖放入室温的净水中浸 20~30 min 后取出，在铁丝网架上滴水 20~30 min，以断口相反方向装入制样模具中，用插板控制两个半砖间距不应大于 5 mm，砖大面与模具间距不应大于 6 mm，砖断面、顶面与模具间垫以橡胶垫或其他密封材料，模具内表面涂油或脱膜剂。

第四，将净浆材料按照配制要求，置于搅拌机中搅拌均匀。

第五，将装好试样的模具置于振动台上，加入适量搅拌均匀的净浆材料，振动时间为 0.8~1.0 min。停止振动，静置至净浆材料达到初凝时间（15~19 min）后拆模。

（2）二次成型制样。

①二次成型制样适用于采用常块样品上下表面灌浆制成强度试验试样的方式。

②将整块试样放入室温的净水中浸 20~30 min 后取出，在铁丝网架上滴水 20~30 min。

③将净浆材料按照配制要求，置于搅拌机中搅拌均匀。

④模具内表而涂油或脱膜剂，加入适量搅拌均匀的净浆材料，整块试样一个成压面与净浆接触，装入制样模具中，承压而找平层厚度不应大于 3 mm。接通振动台电源，振动 0.5~1.0 min，停止振动，静骨至净浆材料达到初凝时间（15~19 min）后拆模。按同样方法完成整块试样另一承压面的找平。

（3）非成型制样。

①非成型制样适用于试样无须进行表面找平处理制样的方式。

②将试样切断或锯成两个半截砖，两个半截砖叠合部分的长度不得小于 100 mm；如果不足 100 mm，应另取备用试样补足。

③两半截砖切断门相反准放，叠合部分不得小于 100 mm。

**5. 试件养护**

（1）一次成型制样、二次成型制样在不低于 10 ℃的不通风室内养护 4 h，再进行试验。

（2）非成型制样不需养护，直接进行试验。

**6. 试验步骤**

①测量每个试件连接面或受压面的长、宽尺寸各 2 次，分别取其平均值，精确至 1 mm。

②将试件平放在加压板的中央，垂直于受压面加荷，加荷应均匀平稳，不得发生冲击或振动。加荷速度以 2~6 kN/s 为宜，直至试件破坏为止，记录试件最大破坏荷载 $P$。

**7. 试验结果计算与处理**

每块试件的抗压强度按下式计算，精确至 0.1 MPa。

$$R_P = P/(L \cdot B)$$

式中：$R_p$ 为抗压强度，MPa；

$P$ 为最大破坏荷载，N；

$L$ 为受压面（连接面）的长度，mm；

$B$ 为受压面（连接面）的宽度，mm。

## （二）抗折强度（荷重）试验

### 1.试验目的

通过测定烧结普通砖的抗折强度，作为评定砖强度等级的依据。掌握《砌墙砖试验方法》（GB/T 2542—2012），能正确使用仪器设备，评定砖的质量。

### 2.主要仪器设备

①压力试验机（300~500 kN）：试验机的示值相对误差不大于1%，其下加压板应为球铰支座，预期最大破坏荷载应在量程的20%~80%之间。

②抗折夹具：抗折试验的加荷形式为三点加荷，其上压辊和下支卷的曲率半径为 15 mm，下支辊应有一个为铰接固定。

③钢直尺：分度值为 1 mm。

### 3.试样

试样数量：10 块。

### 4.试件制备

试样应放在温度为 20 ℃ ± 5 ℃的水中浸泡 24 h 后取出，用湿布拭去其表面水分进行抗折强度试验。

### 5.试验步骤

（1）按任务 2 中规定测量试样的宽度和高度尺寸各 2 次，分别取其算术平均值，精确至 1 mm。

（2）调整抗折夹具下支根的跨距为砖规格长度减去 40 mm。但规格长度为 190 mm 的砖，其跨距为 160 mm。

（3）将试样大面平放在下支辊上，试样两端面与下支辊的距离应相同。

当试样有裂缝或凹陷时，应使有裂缝或凹陷的大面朝下，以 50~150 N/s 的速度均匀加荷，直至试样断裂，记录最大破坏荷载。

### 6. 结果计算与评定

每块试样的抗折强度 $R_c$ 按下式计算，精确至 0.1 MPa。

$$R_c = \frac{3PL}{2BH^2}$$

式中：$R_c$ 为抗折强度，MPa；

$P$ 为最大破坏荷载，N；

$L$ 为跨距，mm；

$B$ 为试样宽度，mm；

$H$ 为试样高度，mm。

试验结果以试样抗折强度或抗折荷重的算术平均值和单块最小值表示，精确至 0.1 MPa 或 0.1 kN。

# 第五节　金属材料

## 一、钢材的种类与应用

建筑钢材是指用于钢结构中的各种型材（如角钢、槽钢、工字钢、圆钢等）、钢板、钢管和用于钢筋混凝土结构中的各种钢筋、钢丝等。

建筑钢材具有较高的强度，有良好的塑性和韧性，能承受冲击和振动荷载；可焊接或制接，易于加工和装配，所以被广泛应用于建筑工程中。但钢材也存在易锈蚀及耐火性差等缺点。

### （一）钢材的冶炼

含碳量大于 2.06% 的铁碳合金为生铁，小于 2.06% 的铁碳合金为钢。

生铁是由铁矿石、焦炭和少量石灰石等在高温的作用下进行化学反应，铁矿石中的氧化铁形成金属铁，然后再吸收碳而成生铁。生铁中含有较多的碳以及硫、磷、硅、锰等杂质，杂质使得生铁硬而脆，塑性差，抗拉强度低，使用受到很大限制。炼钢的目的就是通过冶炼将生铁中的含碳量降至 2.06% 以下，其他杂质含量降至一定的范围内，以显著改善其技术性能，提高质量。

钢的冶炼方法主要有氧气转炉法、电炉法和平炉法三种。目前，氧气转炉法已成为现代炼钢的主要方法，而平炉法则已基本被淘汰，炼钢方法见表 3-2。

表 3-2　炼钢方法的特点和应用

| 炉种 | 原料 | 特点 | 生产钢种 |
|---|---|---|---|
| 氧气转炉 | 铁水、废钢 | 冶炼速度快，生产效率高，钢质较好 | 碳素钢、低合金钢 |
| 电炉 | 废钢 | 容积小，耗电大，控制严格，钢质好，成本高 | 合金钢、优质碳素钢 |
| 平炉 | 生铁、废钢 | 容量大，冶炼时间长，钢质较好且稳定，成本较高 | 碳素钢、低合金钢 |

## （二）钢的分类

钢的基本分类方法见表 3-3。

表 3-3　钢的分类

| 分类 | 类别 | | 特性 | 应用 |
|---|---|---|---|---|
| 按化学成分分类 | 碳素钢 | 低碳钢 | 含碳量 <0.25% | 在建筑工程中，主要用的是低碳钢和中碳钢 |
| | | 中碳钢 | 含碳量 0.25%~0.60% | |
| | | 高碳钢 | 含碳量 >0.60% | |
| | 合金钢 | 低合金钢 | 合金元素总含量 <5% | 建筑上常用低合金钢 |
| | | 中合金钢 | 合金元素总含量 5%~10% | |
| | | 高合金钢 | 合金元素总含量 >10% | |

**续表**

| 分类 | 类别 | 特性 | 应用 |
|---|---|---|---|
| 按脱氧程度分类 | 沸腾钢 | 脱氧不完全，硫、磷类杂质偏析较严重，代号为"F" | 生产成本低，产量高，可广泛用于一般的建筑工程 |
| | 镇静钢 | 脱氧完全，同时去硫，代号为"Z" | 适用于承受冲击荷载、预应力混凝土等重要结构工程 |
| | 半镇静钢 | 脱氧程度介于沸腾钢和镇静钢之间，代号为"B" | 为质量较好的钢 |
| | 特殊镇静钢 | 比镇静钢脱氧程度还要充分彻底，代号为"TZ" | 适用于特别重要的结构工程 |

## （三）钢材的性质

钢材的主要技术性能分类如图 3-3 所示。

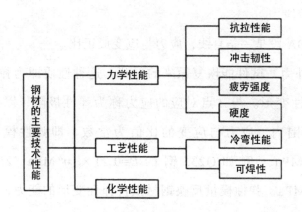

图 3-3　钢材的主要技术性能分类

### 1. 力学性能

（1）抗拉性能。

拉伸是建筑钢材的主要受力形式，所以拉伸性能是表示钢材性能和选用钢材的重要指标。将低碳钢（软钢）制成一定规格的试件，放在材料试验机上进行拉伸试验，可以绘出图 3-4 所示的应力 – 应变关系曲线。从图 3-4 中可以看出，低碳钢受拉至拉断，经历了四个阶段：弹性阶段

（*O—A*）、屈服阶段（*A—B*）、强化阶段（*B—C*）和颈缩阶段（*C—D*）。

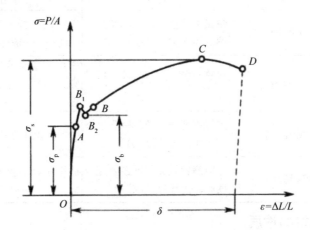

图 3-4　低碳钢受拉的应力－应变图

①弹性阶段。

曲线中 OA 段是一条直线，应力与应变成正比。

如卸去外力，试件能恢复原来的形状，这种性质即为弹性，此阶段的变形为弹性变形。与 *A* 点对应的应力称为弹性极限，以 $\sigma_p$ 表示。在弹性受力范围内，应力与应变的比值为常数，即弹性模量 $E=\sigma/\varepsilon$。$E$ 的单位为 MPa，例如 Q235 钢的 $E=0.21 \times 10^6$ MPa，25MnSi 钢的 $E=0.2 \times 10^6$ MPa。弹性模量反映钢材抵抗弹性变形的能力，是钢材在受力条件下计算结构变形的重要指标。

②屈服阶段。

应力超过 *A* 点后，应力、应变不再成正比关系，开始出现塑性变形。应力的增长滞后于应变的增长，当应力达 *B* 上点后（屈服上限），瞬时下降至 *B* 下点（屈服下限），变形迅速增加，而此时外力则大致在恒定的位置上波动，直到 *B* 点，这就是所谓的"屈服现象"，似乎钢材不能承受外力而屈服，所以 *AB* 段称为屈服阶段。与 *B* 下点（此点较稳定、易测定）对应的应力称为屈服点（屈服强度），用 $\sigma_s$ 表示。常用碳素结构钢 Q235

的屈服极限 $\sigma_s$ 不应低于 235 MPa。

中碳钢与高碳钢（硬钢）的拉伸曲线与低碳钢不同，屈服现象不明显，难以测定屈服点，则规定产生残余变形为原标距长度的 0.2% 时所对应的应力值，作为硬钢的屈服强度，也称条件屈服强度，用 $\sigma_{0.2}$ 表示，如图 3-5 所示。

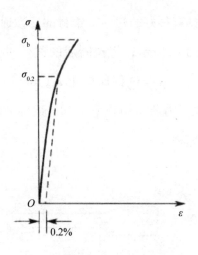

图 3-5　中、高碳钢的应力 – 应变图

③强化阶段。

应力超过屈服点后，由于钢材内部组织中的晶格发生了畸变，阻止了晶格进一步滑移，钢材得到强化，所以钢材抵抗塑性变形的能力又重新提高，$B—C$ 段呈上升曲线，称为强化阶段。对应于最高点 $C$ 的应力值 $\sigma_b$ 称为极限抗拉强度，简称抗拉强度。显然，$S$ 是钢材受拉时所能承受的最大应力值，Q235 钢约为 380 MPa。$\sigma_b$ 是钢材受力大于屈服点后，会出现较大的塑性变形，已不能满足使用要求，因此屈服强度是设计上钢材强度取值的依据，是工程结构计算中非常重要的一个参数。屈服强度和抗拉强度之比（即屈强比 $\sigma_s/\sigma_b$）能反映钢材的利用率和结构安全可靠程度。屈强比越小，其结构的安全可靠程度越高，但屈强比过小，又说明钢材强度的利用率偏低，造成钢材浪费。建筑结构钢合理的屈强比一般

为 0.60~0.75。

④颈缩阶段。

试件受力达到最高点 $C$ 点后，其抵抗变形的能力明显降低，变形迅速发展，应力逐渐下降，试件被拉长，在有杂质或缺陷处，断面急剧缩小，直到断裂。故 $C$—$D$ 段称为颈缩阶段。

建筑钢材应具有很好的塑性。钢材的塑性通常用断后伸长率和断面收缩率表示。如图 3-6 所示，将拉断后的试件拼合起来，测定出标距范围内的长度 $L_1$（mm），其与试件原标距 $L_0$（mm）之差为塑性变形值，塑性变形值与 $L_0$ 之比称为断后伸长率（$\delta$）。试件断面处面积收缩量与原面积之比，称断面收缩率（$\psi$）。

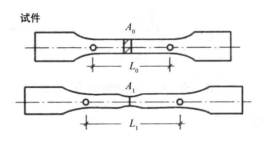

图 3-6　钢材的伸长率

断后伸长率是衡量钢材塑性的一个重要指标，$\delta$ 越大说明钢材的塑性越好。而一定的塑性变形能力，可保证应力重新分布，避免应力集中，从而钢材用于结构的安全性越大。塑性变形在试件标距内的分布是不均匀的，颈缩处的变形最大，离颈缩部位越远其变形越小。所以原标距与直径之比越小，则颈缩处伸长值在整个伸长值中的比重越大，计算出来的 $\delta$ 值就大。通常以 $\delta_5$ 和 $\delta_{10}$ 分别表示 $L_0 = 5d_0$ 和 $L_0 = 10d_0$ 时的伸长率。对于同一种钢材，其 $\delta_5 > \delta_{10}$，$\delta$ 和 $\psi$ 都是表示钢材塑性大小的指标。

钢材在拉伸试验中得到的屈服点强度 $\sigma_s$、抗拉强度 $\sigma_b$、伸长率 $\delta$ 是确定钢材牌号或等级的主要技术指标。

（2）冲击韧性。

与抵抗冲击作用有关的钢材性能是韧性。韧性是钢材断裂时吸收机械能能力的量度。吸收较多能量才断裂的钢材，是韧性好的钢材。在实际工作中，用冲击韧度衡量钢材抗脆断的性能。

冲击韧度是以试件冲断时缺口处单位面积上所消耗的功（J/cm²）来表示，其符号为 $a_k$。试验时将试件放置在固定支座上，然后以摆锤冲击试件刻槽的背面，使试件承受冲击弯曲而断裂。显然，$a_k$ 值越大，钢材的冲击韧度越好。

（3）耐疲劳性。

受交变荷载反复作用，钢材在应力低于其屈服强度的情况下突然发生脆性断裂破坏的现象，称为疲劳破坏。钢材的疲劳破坏一般是由拉应力引起的，首先在局部开始形成细小断裂，随后由于微裂纹尖端的应力集中而使其逐渐扩大，直至突然发生瞬时疲劳断裂。

在一定条件下，钢材疲劳破坏的应力值随应力循环次数的增加而降低。钢材在无穷次交变荷载作用下而不至于引起断裂的最大循环应力值，称为疲劳强度极限。

钢材的疲劳强度与很多因素有关，如组织结构、表面状态、合金成分、夹杂物和应力集中几种情况。一般来说，钢材的抗拉强度高，其疲劳极限也较高。

（4）硬度。

钢材的硬度是指其表面抵抗硬物压入产生局部变形的能力。测定钢材硬度的方法有布氏法、洛氏法和维氏法等。建筑钢材常用布氏硬度表示，其代号为 HB。

布氏法的测定原理是利用直径为 $D$（mm）的淬火钢球，以荷载 $P$（N）

将其压入试件表面，经规定的持续时间后卸去荷载，得直径为 $d(\text{mm})$ 的压痕，以压痕表面积 $A(\text{mm}^2)$ 除荷载 $P$，即得布氏硬度（HB）值，此值无量纲。布氏硬度测定如图 3-7 所示。

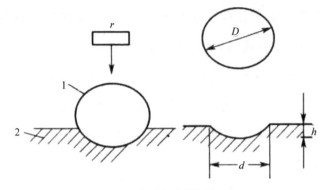

图 3-7　布氏硬度的测定

**2. 钢材的工艺性能**

（1）冷弯性能。

冷弯性能是指钢材在常温下承受弯曲变形的能力。冷弯是通过检验试件经规定的弯曲程度后，弯曲处外面及侧面有无裂纹、起层、鳞落和断裂等情况进行评定的，其测试方法如图 3-8 所示。一般用弯曲角度以及弯心直径与钢材的厚度或直径的比值来表示。弯曲角度 $\alpha$ 越大，而弯心直径与钢材的厚度或直径的比值越小，表明钢材的冷弯性能越好。

（2）可焊性。

可焊性是指钢材是否适应通常的焊接方法与工艺的性能。在焊接过程中，高温作用和焊接后的急剧冷却作用，会使焊缝及附近的过热区发生晶体组织及结构的变化，产生局部变形、内应力和局部硬脆，降低了焊接质量。

钢的可焊性主要与钢的化学成分及其含量有关。当含碳量超过 0.3%时，钢的可焊性变差，特别是硫含量过高，会使焊接处产生热裂纹并硬脆（热脆性），其他杂质含量多也会降低钢材的可焊性。

采取焊前预热以及焊后热处理的方法，可使可焊性较差的钢材的焊接质量提高。施工中正确地选用焊条及正确的操作均能防止夹入焊渣、气孔、裂纹等缺陷，提高其焊接质量。

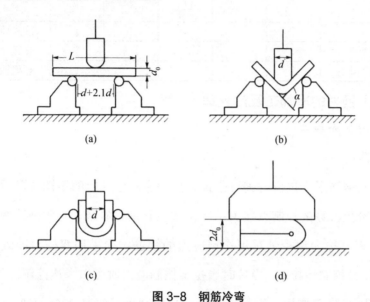

**图 3-8　钢筋冷弯**

（a）试样安装；（b）弯曲90°；（c）弯曲180°；（d）弯曲至两面重合

## （四）钢材的化学成分及其对性质的影响

钢是含碳量小于 2% 的铁碳合金，碳大于 2% 时则为铸铁。碳素结构钢由纯铁、碳及杂质元素组成，其中纯铁约占 99%，碳及杂质元素约占 1%。低合金结构钢中，除上述元素外还加入合金元素，后者总量通常不超过 3%。除铁、碳外，钢材在冶炼过程中会从原料、燃料中引入一些其他元素。化学元素对钢材性能的影响见表 3-4。

**表 3-4　化学元素对钢材性能的影响**

| 化学元素 | 强度 | 硬度 | 塑性 | 韧性 | 可焊性 | 其他 |
|---|---|---|---|---|---|---|
| 碳（C）<1% ↑ | ↑ | | ↑ | ↓ | ↓ | 冷脆性↑ |
| 硅（Si）>1% ↑ | | | ↑ | ↓↓ | ↓ | 冷脆性↑ |
| 锰（Mn）↑ | ↑ | ↑ | | ↑ | | 脱氧、硫剂 |
| 钛（Ti）↑ | ↑↑ | | ↑ | ↑ | | 强脱氧剂 |

续表

| 化学元素 | 强度 | 硬度 | 塑性 | 韧性 | 可焊性 | 其他 |
|---|---|---|---|---|---|---|
| 钒（V）↑ | ↑↑ | | | | | 时效↓ |
| 磷（P）↑ | ↑ | | ↑ | ↓ | ↓ | 偏析、冷脆 ↑↑ |
| 氮（N）↑ | ↑ | | ↑ | ↓ | ↓ | 冷脆性↑ |
| 硫（S）↑ | ↑ | | | ↓↓ | ↓ | 热脆性↑ |
| 氧（O）↑ | ↑ | | | | ↓ | 热脆性↑ |

## （五）钢材的冷加工及热处理

### 1. 钢材的冷加工

（1）冷拉。

将热轧钢筋用冷拉设备进行张拉，拉伸至产生一定的塑性变形后，卸去荷载。冷拉参数的控制直接关系冷拉效果和钢材质量。一般钢筋冷拉仅控制冷拉率，称为单控。对用作预应力的钢筋，须采用双控，即既控制冷拉应力，又控制冷拉率。冷拉时当拉至控制应力时可以未达控制冷拉率，反之钢筋则应降级使用。钢筋冷拉后，屈服强度可提高 20%~30%，可节约钢材 10%~20%，钢材经冷拉后屈服阶段缩短，伸长率降低，材质变硬。

（2）冷拔。

将直径为 6.5~8.0 mm 的碳素结构钢的 Q235（或 Q215）盘条，通过拔丝机中钨合金做成的比钢筋直径小 0.5~1.0 mm 的冷拔模孔，冷拔成比原直径小的钢丝，称为冷拔低碳钢丝。如果经过多次冷拔，可得规格更小的钢丝。冷拔作用比纯拉伸的作用强烈，钢筋不仅受拉，而且同时受到挤压作用。经过一次或多次冷拔后得到的冷拔低碳钢丝，其屈服点可提高 40%~60%，但失去软钢的塑性和韧性，而具有硬质钢材的特点。

（3）冷轧。

冷轧是将圆钢在轧钢机上轧成断面形状规则的钢筋，可以提高其强度及与混凝土的黏结力。钢筋在冷轧时，纵向与横向同时产生变形，因而能较好地保持其塑性和内部结构的均匀性。

**2.冷加工时效**

冷加工后的钢材，随着时间的延长，钢材的屈服强度、抗拉强度与硬度还会进一步提高，塑性、韧性继续降低的现象称为时效。时效是一个十分缓慢的过程，有些钢材即使未经过冷加工，长期搁置后也会出现时效，但不如冷加工后表现明显。钢材冷加工后，由于产生塑性变形，时效大大加快。

钢材冷加工的时效处理有两种方法。

（1）自然时效。

将经过冷拉的钢筋在常温下存放 15~20 d，称为自然时效，它适用于强度较低的钢材。

（2）人工时效。

对强度较高的钢材，自然时效效果不明显，可将经冷加工的钢材加热到 100~200 ℃并保持 2~3 h，则钢筋强度将进一步提高，这个过程称为人工时效。它适用于强度较高的钢筋。

**3.钢材的热处理**

将钢材按一定规则加热、保温和冷却处理，以改变其组织，得到所需要的性能的一种工艺过程。钢材热处理的方法有以下几种。

（1）退火。

退火是将钢材加热到一定温度，保温后缓慢冷却（随炉冷却）的一种热处理工艺，有低温退火和完全退火之分。退火的目的是细化晶粒，改善组织，减少加工中产生的缺陷、减轻晶格畸变，消除内应力，防止变形、开裂。

（2）正火。

正火是退火的一种特例。正火在空气中冷却，两者仅冷却速度不同。

与退火相比，正火后钢材的硬度、强度较高，而塑性减小。

（3）淬火。

淬火是将钢材加热到基本组织转变温度以上（一般为 900 ℃以上），保温使组织完全转变，即放入水或油等冷却介质中快速冷却，使之转变为不稳定组织的一种热处理操作。其目的是得到高强度、高硬度的组织。淬火会使钢材的塑性和韧性显著降低。

（4）回火。

回火是将钢材加热到基本组织转变温度以下（150~650 ℃内选定），保温后在空气中冷却的一种热处理工艺，通常和淬火是两道相连的热处理过程。其目的是促进不稳定组织转变为需要的组织，消除淬火产生的内应力，改善力学性能等。

## （六）常用建筑钢材的技术标准与应用

建筑钢材可分为钢结构用型钢和钢筋混凝土结构用钢筋。各种型钢和钢筋的性能主要取决于所用钢种及其加工方式。在建筑工程中，钢结构所用各种型钢，钢筋混凝土结构所用的各种钢筋、钢丝、锚具等钢材，基本上都是碳素结构钢和低合金结构钢等钢种，经热轧或冷拔、热处理等工艺加工而成。

### 1.普通碳素结构钢

普通碳素结构钢简称碳素钢、碳钢，包括一般结构钢和工程用热轧用型钢、钢板、钢带。

（1）牌号表示方法。

根据《碳素结构钢》（GB/T 700—2006）标准，普通碳素结构钢的牌号由代表屈服点的字母（Q）、屈服强度数值（MPa）、质量等级符号（A、B、C、D）、脱氧程度符号（F、B、Z、TZ）四个部分按顺序组成。

屈服强度用符号"Q"表示，有 195 MPa、215 MPa、235 MPa、

275 MPa 这四种；质量等级是按钢中硫、磷含量由多至少划分的，分 A、B、C、D 四个质量等级；按脱氧程度不同分为：沸腾钢（F）、半镇静钢（B），当为镇静钢或特殊镇静钢时，则牌号表示"Z"与"TZ"符号可予以省略。按标准规定，我国碳素结构钢分五个牌号，即 Q195、Q215、Q235、Q255 和 Q275。例如 Q235—A-F，它表示：屈服点为 235 N/mm² 的平炉或氧气转炉冶炼的 A 级沸腾碳素结构钢。

（2）碳素结构钢的技术要求。

碳素结构钢的技术要求包括化学成分、力学性能、冶炼方法、交货状态、表面质量五个方面。

（3）普通碳素结构钢的性能和用途。

碳素结构钢的牌号顺序随含碳量逐渐增加，屈服强度和抗拉强度也不断增加，伸长率和冷弯性能则不断下降。碳素结构钢的质量等级取决于钢内有害元素硫（S）和磷（P）的含量，硫、磷含量越低，钢的质量越好，其可焊性和低温抗冲击性能增强。常用碳素钢性能与用途见表3-5。

**表 3-5 常用碳素钢的性能与用途**

| 牌号 | 性能 | 用途 |
|---|---|---|
| Q195 | 强度低，塑性、韧性、加工性能与焊接性能较好 | 主要用于轧制薄板和盘条等 |
| Q215 | 强度高，塑性、韧性、加工性能与焊接性能较好 | 大量用作管坯、螺栓等 |
| Q235 | 强度适中，有良好的承载性，又具有较好的塑料性和韧性，可焊性和可加工性也较好，是钢结构常用牌号 | 一般用于只承受静荷载作用的钢结构 适合用于承受动荷载焊接的普通钢结构 适合用于承受动荷载焊接的重要钢结构 适合用于低温环境使用的承受动荷载焊接的重要钢结构 |
| Q275 | 强度高、塑性和韧性稍差，不易冷弯加工，可焊性较差，强度、硬度较高，耐磨性较好，但塑性、冲击韧度和可焊性差 | 主要用作铆接或拴接结构，以及钢筋混凝土的配筋。不宜在建筑结构中使用，主要用于制造轴类、农具、耐磨零件和垫板等 |

### 2. 优质碳素结构钢

按国家标准的规定，优质碳素结构钢根据锰含量的不同可分为普通锰含量钢（锰含量 <0.8%）和较高锰含量钢（锰含量在 0.7%~1.2%）两组。优质碳素结构钢的钢材一般以热轧状态供应。硫、磷等杂质含量比普通碳素钢少，其含量均不得超过 0.035%。其质量稳定，综合性能好，但成本较高。

优质碳素结构钢的牌号用两位数字表示，它表示钢中平均含碳量的万分数。如 45 号钢，表示钢中平均含碳量为 0.45%。数字后若有"锰"字或"Mn"，则表示属较高锰含量的钢，否则为普通锰含量钢。如 35Mn 表示平均含碳量 0.35%，含锰量为 0.7%~1.0%。若是沸腾钢或半镇静钢，还应在牌号后面加"沸"（或 F）或"半"（或 8）。

### 3. 低合金高强度结构钢

低合金高强度结构钢是一种在碳素钢的基础上添加总量小于 5% 合金元素的钢材，具有强度高，塑性和低温冲击韧度好、耐锈蚀等特点。低合金高强度结构钢的牌号的表示方法为：屈服强度—质量等级，它以屈服强度划分成五个等级：Q295、Q345、Q390、Q420、Q460。质量也分为五个等级：E、D、C、8、4。

由于合金元素的强化作用，低合金结构钢不但具有较高的强度，且具有较好的塑性、韧性和可焊性。低合金高强度结构钢广泛应用于钢结构和钢筋混凝土结构中，特别是大型结构、重型结构、大跨度结构、高层建筑、桥梁工程、承受动力荷载和冲击荷载的结构。

### 4. 钢筋混凝土结构用钢

钢筋混凝土结构用钢，主要由碳素结构钢和低合金结构钢轧制而成，有热轧钢筋、冷加工钢筋、热处理钢筋、预应力混凝土用钢丝和钢绞线等。按直条或盘条（也称盘圆）供货。

（1）热轧钢筋。

经热轧成型并自然冷却的成品钢筋，称为热轧钢筋。热轧钢筋是建筑工程中用量最大的钢材品种之一，主要用于钢筋混凝土结构和预应力钢筋混凝土结构的配筋。根据表面特征不同，热轧钢筋分为光圆钢筋和带肋钢筋两大类。

①热轧光圆钢筋。

热轧光圆钢筋，横截面为圆形，表面光圆，国家标准推荐的钢筋公称直径有 6 mm、106 mm、126 mm、166 mm、206 mm。热轧光圆钢筋用钢以氧气转炉、电炉冶炼，按屈服强度值分为 300 一个级别。热轧光圆钢筋牌号的构成及其含义见表 3-6。其化学成分应符合表 3-7 的规定，冷弯试验时受弯曲部位外表面不得产生裂纹。

表 3-6　热轧光圆钢筋牌号的构成及其含义

| 产品名称 | 牌号 | 牌号构成 | 英文字母含义 |
|---|---|---|---|
| 热轧光圆钢筋 | HPB300 | 由 HPB+ 屈服强度特征值构成 | HPB– 热轧光圆钢筋的英文（Hot-rolled Plain Bars）缩写 |

表 3-7　热轧光圆钢筋的化学成分

| 牌号 | 化学成分（质量分数）/% 不大于 | | | | |
|---|---|---|---|---|---|
| | C | Si | Mn | P | S |
| HPB300 | 0.25 | 0.55 | 1.50 | | |

热轧光圆钢筋的强度较低，但塑性及焊接性能很好，便于各种冷加工，故广泛用于普通钢筋混凝土构件的受力筋及各种钢筋混凝土结构的构造筋。

②热轧带肋钢筋。

热轧带肋钢筋通常为圆形横截面，且表面通常带有两条纵肋和沿长度方向均匀分布的横肋。按《钢筋混凝土用钢 第 2 部分：热轧带肋钢筋》（GB 1499.2—2007）给出的月牙肋钢筋（带纵肋）表面及截面形状如图 3-9 所示。

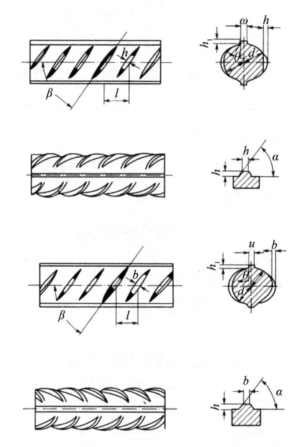

图 3-9　月牙肋钢筋（带纵肋）表面及截面形状

$d_1$—钢筋内径；$\alpha$—横肋斜角；$h$—横肋高度；$\beta$—横肋与轴线夹角；

$h_1$—纵肋高度；$\theta$—纵肋斜角；$a$—纵肋顶宽；$l$—横肋间距；$b$—横肋顶宽

热轧带肋钢筋按屈服强度值分为 335、400、500 三个等级，其牌号由 HRB 和规定屈服强度构成。热轧带肋钢筋牌号的构成及其含义见表 3-8。其技术要求，主要有化学成分、力学性能和工艺性能。化学成分、主要化学元素和碳含量的最大值，如表3-9所列。力学性能及工艺性能分别符合表3-10、表3-11的规定。热轧带肋钢筋的工艺性能，按表3-11中最右边一栏规定的弯心直径弯曲180°后，钢筋受弯曲部位外表面不得产生裂纹。根据需方要求，钢筋还可以做反向弯曲试验，弯心直径比弯曲试验相应增加一个钢筋公称直径，先正向弯曲90°后再反向弯曲20°。两个弯曲角度均应在去载之前测量。经反向弯曲试验后，钢筋受弯曲部位表面不产生裂纹。

表3-8 热轧带肋钢筋牌号的构成及其含义

| 类别 | 牌号 | 牌号构成 | 英文字母含义 |
|---|---|---|---|
| 普通热轧钢筋 | HRB335 | 由HRB+屈服强度特征值构成 | HRB——热轧带肋钢筋的英文（Hot-rolled Ribbed Bars）缩写 |
| | HRB400 | | |
| | HRB500 | | |
| 细晶粒热轧钢筋 | HRBF335 | 由HRBF+屈服强度特征值构成 | HRBF——在热轧带肋钢筋的英文缩写后加"细"的英文（Fine）首位字母 |
| | HRBF400 | | |
| | HRBF500 | | |

表3-9 热轧带肋钢筋的化学成分

| 牌号 | 化学成分（质量分数）/% 不大于 | | | | | |
|---|---|---|---|---|---|---|
| | C | Si | Mn | P | S | Ceq |
| HRB335 HRBF335 | | | | | | 0.52 |
| HRB400 HRBF400 | 0.25 | 0.80 | 1.60 | 0.045 | 0.045 | 0.54 |
| HRB500 HRBF500 | | | | | | 0.55 |

表 3-10　热轧带肋钢筋的力学性能

| 牌号 | $R_{eL}$/MPa | $R_m$/MPa | $A$/% | $A_{gt}$/% |
|---|---|---|---|---|
| | 不小于 | | | |
| HRB335<br>HRBF335 | 335 | 455 | 17 | |
| HRB400<br>HRBF400 | 400 | 540 | 16 | 7.5 |
| HRB500<br>HRBF500 | 500 | 630 | 15 | |

表 3-11　热轧带肋钢筋的冷弯性能

| 牌号 | 公称直径 $d$ | 弯心直径 |
|---|---|---|
| HRB335<br>HRBF335 | 6~25 | 3$d$ |
| | 28~40 | 4$d$ |
| | 40~50 | 5$d$ |
| HRB400<br>HRBF400 | 6>25 | 4$d$ |
| | 28>40 | 5$d$ |
| | 40~50 | 6$d$ |
| HRB500<br>HRBF500 | 6>25 | 6$d$ |
| | 28>40 | 7$d$ |
| | 40~50 | 8$d$ |

热轧带肋钢筋中的 HRB335 和 HRB400 的强度较高，塑性和焊接性能也较好，广泛用作大中型钢筋混凝土结构的受力钢筋。HRB500 带肋钢筋强度高，但塑性和焊接性较差，适宜作预应力钢筋使用。

（2）钢筋混凝土用冷拉钢筋。

为了提高钢筋的强度及节约钢筋，工程中常按施工规程，控制一定的冷拉应力或冷拉率，对热轧钢筋进行冷拉。冷拉钢筋的力学性能应符合规范规定的要求，见表 3-12。冷拉钢筋冷弯后，不得有裂纹、起层等现象。

表 3-12　冷拉热轧钢筋的力学性能

| 钢筋级别 | 钢筋直径 /mm | 屈服强度 /（N·mm⁻²） | 抗拉强度 /（N·mm⁻²） | 伸长率 /% | 冷弯 | |
|---|---|---|---|---|---|---|
| | | 不小于 | | | 弯曲角度 | 弯曲直径 |
| 冷拉Ⅰ级 | ≤ 12 | 280 | 370 | 11 | 180° | $d=3a$ |
| 冷拉Ⅱ级 | ≤ 25 | 450 | 510 | 10 | 90° | $d=3a$ |
| | 28~40 | 430 | 490 | 10 | 90° | $d=4a$ |
| 冷拉Ⅲ级 | 8~40 | 500 | 570 | 8 | 90° | $d=5a$ |
| 冷拉Ⅳ级 | 10~28 | 700 | 835 | 6 | 90° | $d=5a$ |

（3）预应力混凝土用钢棒（热处理钢筋）。

预应力混凝土用热处理钢筋是普通热轧中碳低合金钢经淬火和回火等调质处理而成，有 6 mm、8.2 mm、10 mm 三种规格的直径。其代号为 RB150。《预应力混凝土用钢棒》（GB/T 5223.3—2017）规范规定，热处理钢筋有 $40Si_2Mn$、$48Si_2Mn$ 和 $45Si_2Cr$ 三个牌号，其化学成分和力学性能见表 3-13 和表 3-14 的规定。热处理钢筋成盘供应，每盘长 100~120 m，钢筋开盘后自然伸直，使用时按需要长度切断。

表 3-13　预应力混凝土用钢棒的化学成分

| 牌号 | 化学成分（质量分数）/% | | | | | |
|---|---|---|---|---|---|---|
| | C | Si | Mn | Cr | P | S |
| | | | | | 不大于 | |
| $40Si_2Mn$ | 0.36~0.45 | 1.40~1.90 | 0.80~1.20 | — | 0.045 | 0.045 |
| $48Si_2Mn$ | 0.44~0.53 | 1.40~1.90 | 0.80~1.20 | — | 0.045 | 0.045 |
| $45Si_2Cr$ | 0.41~0.51 | 1.55~1.95 | 0.40~0.70 | 0.30~0.60 | 0.045 | 0.045 |

表 3-14　预应力混凝土用钢棒的力学性能指标

| 公称直径/mm | 牌号 | 屈服强度 $\sigma_{0.2}$/MPa | 抗拉强度 $\sigma_b$/MPa | 伸长率 $\delta_{100}$/% |
|---|---|---|---|---|
| | | 不小于 | | |
| 6 | 40%Si$_2$Mn | | | |
| 8.2 | 48Si$_2$Mn | 1 325 | 1 476 | 6 |
| 10 | 45%Si$_2$Cr | | | |

预应力混凝土用钢棒的优点是：强度高，可代替高强钢丝使用；配筋根数少，节约钢材；锚固性好，不易打滑，预应力值稳定；施工简便，开盘后钢筋自然伸直，不需调直及焊接。主要用于预应力钢筋混凝土轨枕，也用于预应力梁、板结构及吊车梁等。

（4）冷轧带肋钢筋。

冷轧带肋钢筋是采用由普通低碳钢或低合金钢热轧的圆盘条为母材，经冷轧减径后在其表面冷轧成二面或三面有肋的钢筋。冷轧带肋钢筋的横肋呈月牙形，横肋沿钢筋截面周圈上均匀分布，其中三面肋钢筋有一面肋的倾角必须与另两面反向，二面肋钢筋一面肋的倾角必须与另一面反向。冷轧带肋钢筋是热轧圆盘钢筋的深加工产品。

冷轧带肋钢筋的牌号由 CRB 和钢筋的抗拉强度最小值构成。C、R、B 分别为冷轧（Cold ribbed）、带肋（Ribbed）、钢筋（Bar）三个词的英文首位字母。冷轧带肋钢筋分为 CRB550、CRB650、CRB800、CRB970 和 CRB1170 五个牌号。CRB550 冷轧带肋钢筋的公称直径范围为 4~12 mm，为普通钢筋混凝土用钢筋。其他牌号钢筋的公称直径为 4 mm、5 mm、6 mm，为预应力混凝土用钢筋。

（5）冷拔低碳钢丝。

冷拔低碳钢丝是用普通碳素钢热轧盘条钢筋在常温下冷拔加工而成。《冷拔低碳钢丝应用技术规程》（JGJ 19—2010）只有 CDW550 一个强度级别，其直径为 3 mm、4 mm、5 mm、6 mm、7 mm 和 8 mm。

冷拔低碳钢丝用于预应力混凝土桩、钢筋混凝土排水管及环形混凝土电杆的钢筋骨架中的螺旋筋（环向钢筋）和焊接网、焊接骨架、箍筋和构造钢筋。冷拔低碳钢丝不得做预应力钢筋使用，做箍筋使用时直径不宜小于 5 mm。

冷拔低碳钢丝的抗拉强度设计值和力学性能、冷弯性能分别见表 3-15 和 3-16 的规定。

表 3-15　冷拔低碳钢丝的抗拉强度设计值

| 牌号 | 符号 | $f_y$ |
|---|---|---|
| CDW550 | $\Phi^b$ | 320 |

表 3-16　冷拔低碳钢丝的力学性能、冷弯性能

| 冷拔低碳钢丝直径 /mm | 抗拉强度 $R_m$ / ( N·mm⁻² ) 不小于 | 伸长率 $A$/% 不小于 | 180° 反复弯曲次数 不小于 | 弯曲半径 /mm |
|---|---|---|---|---|
| 3 | | 2.0 | | 7.5 |
| 4 | | 2.5 | | 10 |
| 5 | 550 | | 4 | 15 |
| 6 | | 3.0 | | 15 |
| 7 | | | | 20 |
| 8 | | | | 20 |

（6）预应力混凝土用钢丝及钢绞线。

大型预应力混凝土构件，由于受力很大，常采用高强度钢丝或钢绞线作为主要受力钢筋。

①预应力高强度钢丝。

钢丝按加工状态分为冷拉钢丝和消除应力钢丝两类。

冷拉钢丝，用盘条通过拔丝模或轧辊经冷加工而成产品，以盘卷供货的钢丝。

消除应力钢丝，按下述一次性连续处理方法之一的钢丝，即钢丝在塑性变形下（轴应变）进行的短时热处理，得到的应是低松弛钢丝；或钢丝通过矫直工序后在适当温度下进行的短时热处理，得到的应是普通松弛钢丝，故消除应力钢丝按松弛性能又分为低松弛级钢丝和普通松弛级钢丝。（松弛：在恒定长度应力随时间而减小的现象。）

钢丝按外形分为光圆钢丝、螺旋肋钢丝、刻痕钢丝三种。螺旋肋钢丝，钢丝表面沿着长度方向上具有规则间隔的肋条，如图 3-10 所示；刻痕钢丝，钢丝表面沿着长度方向上具有规则间隔的压痕，如图 3-11 所示。

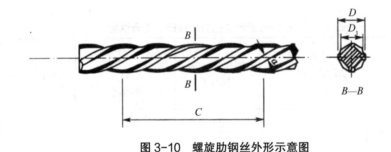

图 3-10　螺旋肋钢丝外形示意图

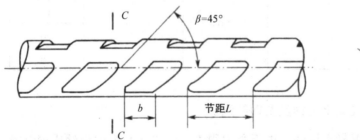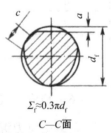

图 3-11　三面刻痕钢丝外形示意图

《预应力混凝土用钢丝》（GB/T 5223—2014）规定：冷拉钢丝的代号为 WCD；低松弛钢丝的代号为 WLR；普通松弛钢丝的代号为 WNR。

光圆钢丝的代号为 P；螺旋肋钢丝的代号为 H；刻痕钢丝的代号为 I。

预应力钢丝的抗拉强度比钢筋混凝土用热轧光圆钢筋、热轧带肋钢筋高很多，在构件中采用预应力钢丝可节省钢材、减少构件截面和节省混凝土，主要用于桥梁、吊车梁、大跨度屋架和管桩等预应力钢筋混凝土构件中。

②预应力混凝土钢绞线。

预应力混凝土钢绞线是按严格的技术条件，绞捻起来的钢丝束。

预应力钢绞线按捻制结构分为五类：用两根钢丝捻制的钢绞线（代号为 1×2）、用三根钢丝捻制的钢绞线（代号为 1×3）、用三根刻痕钢丝捻制的钢绞线（代号为 1×3I）、用七根钢丝捻制的标准型钢绞线（代号为 1×7）、用七根钢丝捻制又经模拔的钢绞线 [ 代号为（1×7)C]。钢绞线外形示意图如图 3-12 所示。

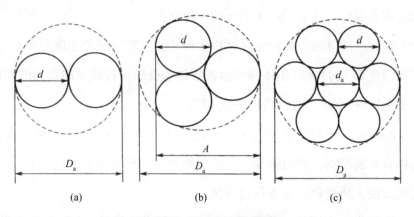

**图 3-12　钢绞线外形示意图**

（a）1×2结构钢绞线；（b）1×3结构钢绞线；（c）1×7结构钢绞线

预应力钢丝和钢绞线具有强度高、柔度好，质量稳定，与混凝土黏结力强，易于锚固，成盘供应不需接头等诸多优点。主要用于大跨度、大负荷的桥梁、电杆、轨枕、屋架、大跨度吊车梁等结构的预应力筋。

**5.钢结构用钢**

钢结构用钢中一般可直接选用各种规格与型号的型钢，构件之间可直接连接或附以板进行连接。连接方式为铆接、螺栓连接或焊接。因此，钢结构所用钢材主要是型钢和钢板。型钢和钢板的成型有热轧和冷轧。

（1）热轧型钢。

热轧型钢主要采用碳素结构钢 Q235-A，低合金高强度结构钢 Q345 和 Q390 热轧成型。

常用的热轧型钢有角钢、工字钢、槽钢、T 形钢、H 形钢、Z 形钢等。

①热轧普通工字钢。

工字钢是截面为工字形、腿部内侧有 1 ∶ 6 斜度的长条钢材，其规格以 "腰高度 × 腿宽度 × 腰厚度"（mm）表示，也可用 "腰高度 #"（cm）表示；规格范围为 10#-63#。若同一腰高的工字钢，有几种不同的腿宽和腰厚，则在其后标注 a、b、c 表示相应规格。

工字钢广泛应用于各种建筑结构和桥梁，主要用于承受横向弯曲（腹板平面内受弯）的杆件，但不易单独用作轴心受压构件或双向弯曲的构件。

②热轧 H 形钢（GB 11263—2017）。

H 形钢由工字型钢发展而来，优化了截面的分布。与工字形钢相比，H 形钢具有翼缘宽，侧向刚度大，抗弯能力强，翼缘两表面相互平行、连接构造方便，质量轻、节省钢材等优点。

H 形钢分为宽翼缘（代号为 HW）、中翼缘（代号为 HM）和窄翼缘 H 形钢（HN）以及 H 形钢桩（HP）。

宽翼缘和中翼缘 H 形钢适用于钢柱等轴心受压构件，窄翼缘 H 形钢适用于钢梁等受弯构件。

H 形钢的规格型号以 "代号腹板高度 × 翼板宽度 × 腹板厚度 × 翼板厚度"（mm）表示，也可用 "代号腹板高度 × 翼板宽度" 表示。

H 形钢截面形状经济合理，力学性能好，常用于要求承载力大、截面稳定性好的大型建筑（如高层建筑）的梁、柱等构件。

③热轧普通槽钢。

槽钢是截面为凹槽形、腿部内侧有 1 ∶ 10 斜度的长条钢材。

规格以"腰高度 × 腿宽度 × 腰厚度"（mm）或"腰高度 #"（cm）来表示。

同一腰高的槽钢，若有几种不同的腿宽和腰厚，则在其后标注 a、b、c 表示该腰高度下的相应规格。

槽钢主要用于承受轴向力的杆件、承受横向弯曲的梁以及联系杆件，主要用于建筑钢结构、车辆制造等。

④热轧等边角钢、热轧不等边角钢（GB/T 706—2016）。

角钢是两边互相垂直成直角形的长条钢材，主要用作承受轴向力的杆件和支撑杆件，也可作为受力构件之间的连接零件。

等边角钢的两个边宽相等。规格以"边宽度 × 边宽度 × 厚度"（mm）或 "边宽 #"（cm）表示。

不等边角钢的两个边不相等。规格以"长边宽度 × 短边宽度 × 厚度"（mm）或"长边宽度 / 短边宽度"（cm）表示。

（2）冷弯薄壁型钢。

冷弯薄壁型钢指用钢板或带钢在常温下弯曲成的各种断面形状的成品钢材。冷弯型钢是一种经济的截面轻型薄壁钢材，也称为钢质冷弯型材或冷弯型材。其截面各部分厚度相同，在各转角处均呈圆弧形。

冷弯薄壁型钢的类型有 C 形钢、U 形钢、Z 形钢、带钢、镀锌带钢、镀锌卷板、镀锌 C 形钢、镀锌 U 形钢、镀锌 Z 形钢。图 3–13 所示为常见形式的冷弯薄壁型钢。冷弯薄壁型钢的表示方法与热轧型钢相同。

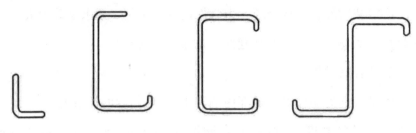

图 3-13  冷弯薄壁型钢

冷弯型钢作为承重结构、围护结构、配件等在轻钢房屋中也大量应用。在房屋建筑中，冷弯型钢可用作钢架、桁架、梁、柱等主要承重构件，也被用作屋面檩条、墙架梁柱、龙骨、门窗、屋面板、墙面板、楼板等次要构件和围护结构。冷弯薄壁型钢结构构件通常有檩条、墙梁、刚架等。

（3）板材。

①钢板。

钢板是用碳素结构钢和低合金高强度结构钢经热轧或冷轧生产的扁平钢材。按轧制方式可分为热轧钢板和冷轧钢板。

表示方法：宽度 × 厚度 × 长度（mm）。

厚度大于 4 mm 以上为厚板；厚度小于或等于 4 mm 的为薄板。

热轧碳素结构钢厚板，是钢结构的主要用钢材。低合金高强度结构钢厚板，用于重型结构、大跨度桥梁和高压容器等。薄板用于屋面、墙面或轧型板原料等。

在钢结构中，单块钢板不能独立工作，必须用几块板组合成工字型、箱型等结构来承受荷载。

②压型钢板。

是用薄板经冷轧成波形、U 形、V 形等形状，如图 3-14 所示。压型钢板有涂层、镀锌、防腐等薄板。压型钢板具有单位质量轻、强度高、抗震性能好、施工快、外形美观等优点，主要用于维护结构、楼板、屋面板和装饰板等。

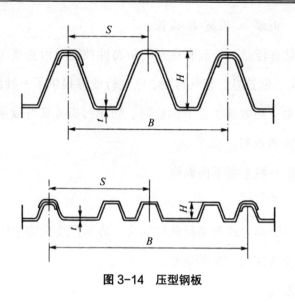

图 3-14　压型钢板

③花纹钢板。

表面压有防滑凸纹的钢板，主要用于平台、过道及楼梯等的铺板。钢板的基本厚度为 2.5~8.0 mm，宽度为 600~1 800 mm，长度为 2 000~12 000 mm。

④彩色涂层钢板。

彩色涂层钢板是以冷轧钢板，电镀锌钢板、热镀锌钢板或镀铝锌钢板为基板经过表面脱脂、磷化、铬酸盐处理后，涂上有机涂料经烘烤而制成的产品。

彩色涂层钢板的常用涂料是聚酯（PE），其次还有硅改性树脂（SMP）、高耐候聚酯（HDP）、聚偏氟乙烯（PVDF）等，涂层结构分二涂一烘和二涂二烘，涂层厚度一般在表面 20~25 μm，背面 8~10 μm，建筑外用不应该低于表面 20 μm，背面 10 μm。彩色涂层可以防止钢板生锈，使钢板使用寿命长于镀锌钢板。

彩色涂层钢板按用途分为建筑外用（JW）、建筑内用（JN）和家用电器（JD）；按表面状态分为涂层板（TC）、印花板（YH）和压滑板（YaH）。

彩色涂层钢板的标记方式为：钢板用途代号—表面状态代号—涂料代

号—基材代号—板厚 × 板宽 × 板长。

涂层钢板具有轻质、美观和良好的防腐蚀性能，可直接加工，给建筑业、造船业、车辆制造业、家具行业、电气行业等提供了一种新型原材料，起到了以钢代木、高效施工、节约能源、防止污染等良好效果。

### 6.钢材的选用原则

钢材的选用一般遵循下面原则。

（1）荷载性质。

对于经常承受动力或振动荷载的结构，容易产生应力集中，从而引起疲劳破坏，需要选用材质高的钢材。

（2）使用温度。

对于经常处于低温状态的结构，钢材容易发生冷脆断裂，特别是焊接结构要求更高，因而要求钢材具有良好的塑性和低温冲击韧性。

（3）连接方式。

对于焊接结构，当温度变化和受力性质改变时，焊缝附近的母体金属容易出现冷、热裂纹，促使结构早期破坏，所以焊接结构对钢材化学成分和力学性能要求应较严。

（4）钢材厚度。

钢材力学性能一般随厚度增大而降低，钢材经多次轧制后，钢的内部结晶组织更为紧密，强度更高，质量更好。故一般结构用的钢材厚度不宜超过 40 mm。

（5）结构重要性。

选择钢材要考虑结构使用的重要性，如大跨度结构、重要的建筑物结构，须相应选用质量更好的钢材。

## （七）钢材的锈蚀与防止

钢材的锈蚀是指钢材表面与周围介质发生作用而引起破坏的现象。根据钢材与环境介质作用的机理,腐蚀可分为化学锈蚀和电化学锈蚀。

**1.钢筋混凝土中钢筋锈蚀**

普通混凝土为强碱性环境,使之对埋入其中的钢筋形成碱性保护。在碱性环境中,阴极过程难于进行。即使有原电池反应存在,生成的 $Fe(OH)_2$ 也能稳定存在,并成为钢筋的保护膜。所以,用普通混凝土制作的钢筋混凝土,只要混凝土表面没有缺陷,里面的钢筋是不会锈蚀的。但是,普通混凝土制作的钢筋混凝土有时也发生钢筋锈蚀现象。

**2.钢材锈蚀的防止**

(1)表面刷漆。

表面刷漆是钢结构防止锈蚀的常用方法。刷漆通常有底漆、中间漆和面漆三道。底漆要求有较好的附着力和防锈能力,常用的有红丹、环氧富锌漆、云母氧化铁和铁红环氧底漆等。

(2)表面镀金属。

用耐腐蚀性好的金属,以电镀或喷镀的方法覆盖在钢材的表面,提高钢材的耐腐蚀能力。常用的方法有镀锌(如白铁皮)、镀锡(如马口铁)、镀铜和镀铬等。

(3)采用耐候钢。

耐候钢是在碳素钢和低合金钢中加入少量的铜、铬、镍、钼等合金元素而制成。耐候钢既有致密的表面防腐保护,又有良好的焊接性能,其强度级别与常用碳素钢和低合金钢一致,技术指标相近。

# 二、钢材的性能检测和评定

为更合理地使用金属材料,充分发挥其作用,必须掌握各种金属材料制成的零件、构件在正常工作情况下应具备的性能(使用性能)及其在冷热加工过程中材料应具备的性能(工艺性能)。

材料的使用性能包括物理性能（如密度、熔点、导电性、导热性、热膨胀性、磁性等）、化学性能（耐用腐蚀性、抗氧化性）及力学性能。

### （一）一般规定

第一，同一截面尺寸和同一炉罐号组成的钢筋分批验收时，每批质量不大于 60 t，如炉罐号不同时，应按国家标准的规定验收。

第二，钢筋应有出厂质量证明书或试验报告单，每捆（盘）钢筋均应有标牌，进场钢筋应按炉罐（批）号及直径（$a$）分批验收，验收内容包括插队标牌，外观检查，并按有关规定抽取试样做力学性能试验，包括拉力试验和冷弯试验两个项目。两个项目中如有一个项目不合格，该批钢筋即为不合格品。

第三，钢筋在使用中如有脆断、焊接性能不良或力学性能显著不正常时，尚应进行化学成分分析，或其他专项试验。

第四，取样方法和结果评定规定，自每批钢筋中任意抽取两根，于每根距端部 50 mm 处各取一套试样（两根试件），在每套试样中取一根做拉力试验，另一根做冷弯试验。在拉力试验的两根试件中，如其中一根试件的屈服点、抗拉强度和伸长率三个指标中有一个指标达不到标准中规定的数值，应再抽取双倍（4 根）钢筋，制取双倍（4 根）试件重做试验，如仍有一根试件的一个指标达不到标准要求，则不论这个指标在第一次试件中是否达到标准要求，拉力试验项目也不合格。在冷弯试验中，如有一根试件不符合标准要求，应同样抽取双倍钢筋，制成双倍试件重做试验，如仍有一根试件不符合标准要求，冷弯试验项目即为不合格。

第五，试验应在（20±10）℃下进行，如试验温度超出这一范围，应于实验记录和报告中注明。

## （二）钢筋拉伸性能检测

### 1.试验目的

测定低碳钢的屈服强度、抗拉强度与延伸率。注意观察拉力与变形之间的变化。确定应力与应变之间的关系曲线，评定钢筋的强度等级。

### 2.主要仪器设备

（1）万能材料试验机。为保证机器安全和试验准确，其吨位选择最好是使试件达到最大荷载时，指针位于指示度盘第三象限内。

（2）量爪游标卡尺（精确度为 0.1 mm），直钢尺，两脚扎规，打点机等。

### 3.试件制作和准备

第一，8~40 mm 直径的钢筋试件一般不经车削。

第二，如果受试验机吨位的限制，直径为 22~40 mm 的钢筋可制成车削加工试件。

第三，在试件表面用钢筋划一平行其轴线的直线，在直线上冲浅眼或划线标出标距端点（标点），并沿标距长度用油漆划出 10 等分点的分格标点。

第四，测量标距长度 $L_0$（精确至 0.1 mm）。

### 4.检测步骤

第一，调整试验机刻度盘的指针，对准零点，拨动副指针与主指针重叠。

第二，将试件固定在试验机夹头内，开动试验机进行拉伸，拉伸速度为：屈服前应力增加速度为每秒 10 MPa；屈服后试验机活动夹头在荷载下的移动速度为不大于 0.5 L/min。

第三，钢筋在拉伸试验时，读取刻度盘指针首次回转前指示的恒定力或首次回转时指示的最小力，即为屈服点荷载；钢筋屈服之后继续施加荷载直至将钢筋拉断，从刻度盘上读取试验过程中的最大力。

第四，拉断后标距长度 $L_1$。

**5. 检测结果确定**

（1）屈服强度和抗拉强度按下式计算（精确至 1 MPa）：

$$\sigma_s = \frac{F_s}{A}$$

$$\sigma_b = \frac{F_b}{A}$$

式中：$\sigma_s$、$\sigma_b$ 分别为屈服强度和抗拉强度，MPa；

$F_s$、$F_b$ 分别为屈服点荷载和最大荷载，N。

（2）伸长率按下式计算（精确至 1%）：

$$\delta_5\left(\text{或 } \delta_{10}\right) = \frac{L_1 - L_0}{L_0} \times 100\%$$

式中：$\delta_{10}$、$\delta_5$ 分别表示 $L_0 = 10d$ 或 $L_0 = 5d$ 时的伸长率；

$L_0$ 为原标距长度 $10d（5d）$，mm；

$L_1$ 为直接量出或按移位法确定的标距部分长度，mm（测量精确至 0.1 mm）。

如试件在标距端点上或标距处断裂，则试验结果无效，应重做试验。

## （三）钢材的冷弯性能检测

冷弯是钢材的重要工艺性能，用以检验钢材在常温下承受规定弯曲程度的弯曲变形能力，并显示其缺陷。

**1. 试验目的**

检验钢筋承受弯曲程度的变形性能，从而确定其可加工性能，并显示其缺陷。

**2. 主要仪器设备**

压力试验机或万能试验机，具有不同直径的弯心。

### 3. 试验步骤

以采用支辊式弯曲装置为例介绍试验步骤与要求，如图 3-15 所示。

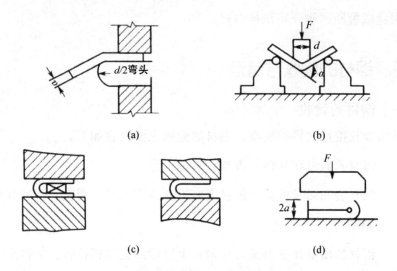

(a)
(b)
(c)
(d)

**图 3-15 钢筋冷弯试验装置示意图**

（a）弯曲45°；（b）弯曲90°；（c）弯曲180°；（d）重叠弯曲180°

（1）试样放置于两个支点上，将一定直径的弯心在试样两个支点中间施加压力，使试样弯曲到规定的角度，或出现裂纹、裂缝、断裂为止。

（2）试样在两个支点上按一定弯心直径弯曲至两臂平行时，可一次完成试验，也可先按（1）弯曲至90°，然后放置在试验机平板之间继续施加压力，压至试样两臂平行。

（3）试验时应在平稳压力作用下，缓慢施加试验力。

（4）弯心直径必须符合相关产品标准中的规定，弯心宽度必须大于试样的宽度或直径，两支辊间距离为（$d+30$）± 0.50 mm，并且在试验过程中不允许有变化。

（5）试验应在 10~35 t 下进行，在控制条件下，试验在（23 ± 2）℃下进行。

（6）卸除试验力以后，按有关规定进行检查并进行结果评定。

**4. 结果评定**

弯曲后，按有关标准规定检查试样弯曲外表面，进行结果评定。若无裂纹、裂缝或裂断，则评定试样合格。

# 三、钢材的验收与储运

## （一）钢材的验收

钢材的验收按批次检查验收。钢材的验收主要内容如下。

第一，钢材的数量和品种是否与订货单符合。

第二，钢材表面质量检验。钢材表面不允许有结疤、裂纹、折叠和分层、油污等缺陷。

第三，钢材的质量保证书是否与钢材上打印的记号相符合：每批钢材必须具备生产厂家提供的材质证明书，写明钢材的炉号、钢号、化学成分和力学性能等，根据国家技术标准核对钢材的各项指标。

第四，按国家标准按批次抽取试样检测钢材的力学性能。同一级别、种类，同一规格、批号、批次不大于 60 t 为一检验批（不足 60 t 也为一检验批），取样方法应符合国家标准规定。

## （二）钢材的储运

**1. 运输**

钢材在运输中要求不同钢号、炉号、规格的钢材分别装卸，以免混乱。装卸中钢材不许摔掷，以免破坏。在运输过程中，其一端不能悬空及伸出车身的外边。另外，装车时要注意荷重限制，不允许超过规定，并须注意装载负荷的均衡。

**2. 堆放**

钢材的堆放要减少钢材的变形和锈蚀，节约用地，且便于提取钢材。

第一，钢材应按不同的钢号、炉号、规格、长度等分别堆放。

第二，堆放在有顶棚的仓库时，可直接堆放在草坪上（下垫楞木），对小钢材亦可放在架子上，堆与堆之间应留出走道；堆放时每隔5~6层放置楞木。其间距以不引起钢材明显的弯曲变形为宜。楞木要上下对齐，在同一垂直平面内。

第三，露天堆放时，应加上简易的篷盖，或选择较高的堆放场地，四周有排水沟。堆放时尽量使钢材截面的背面向上或向外，以免积雪、积水。

第四，为增加堆放钢材的稳定性，可使钢材互相勾连，或采用其他措施。标牌应标明钢材的规格、钢号、数量和材质验收证明书号，并在钢材端部根据其钢号涂以不同颜色的油漆。

第五，钢材的标牌应定期检查。选用钢材时，要按顺序寻找，不准乱翻。

第六，完整的钢材与已有锈蚀的钢材应分别堆放。凡是已经锈蚀者，应捡出另放，进行适当的处理。

## 四、其他金属材料在建筑中的应用

随着时代的发展，建筑领域在不断扩大，人们对建筑物的工作环境的要求越来越苛刻，对建筑物的寿命期望值不断提高，对金属材料的强度、耐久性、耐腐蚀性、耐火性、抗低温性以及装饰性能提出了更高的要求。因而人们不断开发出功能更加强大、性能更加优良且符合可持续发展的新型金属材料，并将其用于建筑工程中。现将已开发出的新品种及应用情况介绍如下。

### （一）超高强度钢材

建筑上大量用于承重结构的钢材主要是低碳钢和低合金钢。低碳钢的屈服强度为195~275 MPa，极限抗拉强度为315~630 MPa；低合金钢的屈服强度为345~420 MPa，极限抗拉强度为510~720 MPa。虽然与木材、石材、混凝土等其他结构材料相比，钢材的强度较高，但超高层建筑、大跨度桥梁等大型结构物的构造，对钢材的强度提出了更高的要求。所以要求开发高强度钢材和超高强度钢材。

高强度钢抗拉强度要求达到 900~1 300 MPa，超高强度钢材抗拉强度要求达到 1 300 MPa 以上，同时其韧性和耐疲劳强度等力学性能也要求有较大幅度的提高。目前已经开发出的超高强度钢材按照合金元素的含量分为低合金系、中合金系和高合金系三类。低合金超高强度钢是将马氏体系低合金钢进行低温回火制成，较多地用于航空业，在建筑上主要用于连接五金件等。中合金超高强度钢是添加铬、钼等合金元素，并进行二次回火处理制成，耐热性能优良，可用作建筑上需要耐火的部位；高合金超高强度钢包括马氏体时效硬化钢和析出硬化不锈钢等品种，具有很高的韧性，焊接性能优良，适用于海洋环境和与原子能相关的设施。

## （二）低屈强比钢

钢材的屈服强度与极限强度的比值为屈强比。它反映了钢材受力超过屈服极限至破坏所具有的安全储备。屈强比越小，钢材在受力超过屈服极限工作时的可靠性越大，结构偏于安全。所以对于工程上使用的钢材，不仅希望具有较高的强度极限和屈服强度，而且还希望屈强比适当降低。

钢材的屈强比值对于结构的抗震性能尤其重要。在设计一个建筑物时，为了实现其抗震安全性，要求在使用期内，发生中等强度地震时结构不破坏，不产生过大变形，能保证正常使用；而发生概率较小的大型或巨型地震时，能保证结构主体不倒塌，即建筑物的变形在允许范围内，能提供充分的避难时间。而要满足上述小震、中震不破坏，大震、巨震不倒塌的要求，就要求所采用的结构材料首先要具有较高的屈服强度，保证在中等强度地震发生时不产生过大变形和破坏；其次要求材料的屈强比较小，即超过屈服强度到达极限荷载要有一个较充足的过程。由于对建筑物的抗震要求越来越高，所以低屈强比钢的应用范围将越来越广。

### （三）新型不锈钢

新型不锈钢不含镍元素，而是添加了一些稳定性更好的元素，形成高纯度的贝氏体不锈钢，其耐腐蚀性大幅度提高，而且耐热性、焊接加工性能也得到改善。一般用于建筑物中的太阳能热水器、耐腐蚀配套管等构件。由于其在 450 ℃高温下表现出脆弱性，因此适宜用于 300 ℃以下的环境中。最近又开发出铬含量很大的新品种不锈钢，能耐 500~700 ℃高温，可用于火电厂或建筑物中的耐火覆盖层。

### （四）高耐蚀性金属及钛合金建材

钛金属具有一系列优点，如强度高，韧性、焊接性较好，且有高强度钛合金，其高温力学性能好、持久强度非常高。其优秀的耐腐蚀性主要是由于其表面所形成的一层致密的氧化膜。钛金属的装饰性能也很优秀。

# 第四章　建筑装饰材料

## 第一节　木　　材

木材是人类最早使用的建筑材料之一，已有悠久的历史。它曾与钢材、水泥并称为三大建筑材料。我国在木材建筑技术和木材装饰艺术上都有很高的水平和独特的风格。近年来，我国为保护有限的林木资源，在建筑工程中，木材大部分已被钢材、混凝土、塑料等取代，已很少用作外部结构材料，但由于木材具有美丽的天然纹理、良好的装饰效果，被广泛用作装饰与装修材料。

木材是天然生长的有机高分子材料，具有轻质高强、耐冲击和振动、导热性低、保温性好、易于加工及装饰性好等优点。同时，由于木材的组成和构造是由树木生长的需要而决定的，所以具有构造不均匀，各向异性；湿胀干缩性大，易翘曲开裂；耐火性差，易燃烧；天然疵病多，易腐朽、虫蛀。不过这些缺点经过适当的加工和处理，可以得到一定程度的改善。此外，木材的生长周期长，因此要采用新技术、新工艺对木材进行综合利用。

### 一、木材的分类、构造和性质

#### （一）木材的分类

树木的种类很多，木材取自树木躯干或枝干作为材料，按树种的不同，木材常分为针叶树材和阔叶树材。

### 1. 针叶树材

针叶树树叶细长如针，多为常绿树，树干通直而高大，易得大材，纹理平顺，材质均匀，木质较软，易于加工，故又称软木材。针叶树表观密度和胀缩变形较小，强度较高，耐腐蚀性较好，多用作承重构件。针叶树常用的品种有松、柏、杉等。

### 2. 阔叶树材

阔叶树树叶宽大，叶脉呈网状，多为落叶树，树干通直部分一般较短，其木质较硬，疤结较多，难以加工，故又称硬木材。阔叶树表观密度较大，强度较高，经湿度变化后变形较大，容易产生翘曲或开裂，在建筑中常用作尺寸较小的装饰或装修构件。阔叶树常用的材质较硬的品种有榆木、水曲柳、蒙古栎等，材质较软的品种有椴木、杨木、桦木等。

## （二）木材的构造

木材的构造是决定木材性能的重要因素，由于树种和树木生长环境不同，木材的构造差别很大，通常从宏观与微观两方面研究木材的构造。

### 1. 木材的宏观构造

木材的宏观构造是指用肉眼或借助放大镜能观察到的构造特征。木材在各个切面上的构造不同，具有各向异性，通常从树干的横切面（垂直于树轴的面）、径切面（通过树轴的纵切面）和弦切面（平行于树轴的纵切面）三个切面上进行剖析。

（1）横切面。

横切面与树干主轴或木纹相垂直的切面，在这个面上可观察若干以髓心为中心呈同心圈的年轮以及木髓线。

（2）径切面。

径切面通过树轴的纵切面，年轮在这个面上呈互相平行的带状。

（3）弦切面。

弦切面平行于树轴的纵切面，年轮在这个面上呈"V"形。

树木是由树皮、木质部和髓心三个主要部分组成。树皮覆盖在木质部的外表面，起保护树木的作用。厚的树皮有内外两层，外层即为外皮（粗皮），内层为韧皮，紧靠着木质部。木质部是工程使用的主要部分。靠近树皮的部分，材色较浅，水分较多，称为边材；在髓心周围部分，材色较深，水分较少，称为心材。心材材质较硬，密度增大，渗透性降低，耐久性、耐腐性均较边材高。一般来说，心材比边材的利用价值大些。髓心是树干的中心，是树木最早形成的木质部分，它质松软无强度，易腐朽，干燥时会增加木材的开裂程度，故一般不用。从髓心向外的辐射线称髓线。髓线的细胞壁很薄，质软，它与周围细胞的结合力弱，木材干燥时易沿髓线开裂。

在横切面上所显示的深浅相间的同心圈为年轮，一般树木每年生长一圈。在同一年轮中，春天生长的木质，色较浅，质松软，强度低，称为春材（早材）；夏秋二季生长的木质，色较深，质坚硬，强度高，称为夏材（晚材）。相同树种，年轮越密而均匀，材质越好，夏材部分愈多，木材强度愈高。

**2. 木材的微观构造**

木材的微观构造是指木材在显微镜下可观察到的组织结构。在显微镜下可以观察到，木材是由大量的紧密联结的冠状细胞构成的，且细胞沿纵向排列成纤维状，木纤维中的细胞是由细胞壁与细胞腔构成的，细胞壁是由更细的纤维组成的，各纤维间可以吸附或渗透水分，构成独特的壁状结构。构成木材的细胞壁越厚时，细胞腔的尺寸就越小，表现为细胞越致密，承受外力的能力越强，细胞壁吸附水分的能力也越强，因而湿胀干缩性越大。

木材的显微构造随树种而异，针叶树与阔叶树的微观构造有较大的差别。针叶树的主要组成部分是管胞、髓线和树脂道，针叶树的髓线比较细小。阔叶树的主要组成部分是木纤维、导管和髓线，阔叶树的髓线比较发达。阔叶树可分环孔材与散孔材，环孔材春材中导管很大并成环状排列，散孔材导管大小相差不多且散乱分布。就木纤维或管胞而言，细胞壁厚的木材，其表观密度大，强度高。但这种木材不易干燥，胀缩性大，容易开裂。

### （三）木材的性质

#### 1.化学性质

木材的化学成分可归纳为构成细胞壁的主要化学组成；存在于细胞壁和细胞腔中的少量有机可提取物；含量极少的无机物。

细胞壁的主要化学组成是纤维素（约50%）、半纤维素（约24%）和木质素（约25%）。

木材中的有机可提取物一般有树脂（松脂）、树胶（黏液）、单宁（鞣料）、精油（樟脑油），生物碱（可作药用）、蜡、色素、糖和淀粉等。

木材的化学性质复杂多变。在常温下木材对稀的盐溶液、稀酸、弱碱有一定的抵抗能力，但在强酸、强碱作用下，会使木材发生变色、湿胀、水解、氧化、酯化、降解、交联等反应。随着温度升高，木材的抵抗能力显著降低，即使是中性水也会使木材发生水解等反应。木材的上述化学性质也正是木材进行处理、改性以及综合利用的工艺基础。

#### 2.物理性质

（1）木材的密度与表观密度。

各种树种的木材其分子构造基本相同，所以木材的密度基本相等，平均值约为 1 550 kg/m³。

木材的表观密度是指木材单位体积质量，随木材孔隙率、含水量以及其他一些因素的变化而不同。因为木材细胞组织中的细胞腔及细胞壁中存在大量微小的孔隙，所以木材的表观密度较小，一般只有 400~600 kg/m³。

（2）木材的含水率与吸湿性。

木材中所含的水根据其存在形式可分为以下三类。

结合水是木纤维中有机高分子形成过程中所吸收的化学结合水，是构成木材必不可少的组分，也是木材中最稳定的水分。

吸附水是吸附在木材细胞壁内各木纤维之间的水分，其含量多少与细胞壁厚度有关。木材受潮时，细胞壁会首先吸水而使体积膨胀，而木材干燥时吸附水会缓慢蒸发而使体积收缩。因此，吸附水含量的变化将直接影响木材体积的大小和强度的高低。

自由水是填充于细胞腔或细胞间隙中的水分，木细胞对其约束很弱。当木材处于较干燥环境时，自由水首先蒸发。通常自由水含量随环境湿度的变化幅度很大，它会直接影响木材的表观密度、抗腐蚀性和燃烧性。

木材含水量与木材的表观密度、强度、耐久性、加工性、导热性、导电性等有着一定关系。木材的含水率是指木材中的水分质量与干燥木材质量的百分率。新伐木材含水率常在 35% 以上，风干木材含水率为 15%~25%，室内干燥的木材含水率常为 8%~15%。

①木材的纤维饱和点。

木材干燥时首先是自由水蒸发，而后是吸附水蒸发。木材吸潮时，先是细胞壁吸水，细胞壁吸水达到饱和后，自由水开始吸入。木材的纤维饱和点是指木材中吸附水达到饱和，并且尚无自由水时的含水率。木材的纤维饱和点是木材物理力学性质的转折点，一般木材多为 25%~35%，平均为 30% 左右。

②木材的平衡含水率。

木材的含水率随环境温度、湿度的改变而变化。木材含水率较低时，会吸收潮湿环境空气中的水分。当木材的含水率较高时，其中的水分就会向周围较干燥的环境中释放水分。当木材长时间处于一定温度和湿度的空气中，则会达到相对稳定的含水率，亦即水分的蒸发和吸收趋于平衡，此时木材的含水率称为平衡含水率。

当环境的温度和湿度变化时，木材的平衡含水率会发生较大的变化，如图 4-1 所示。达到平衡含水率的木材，其性能保持相对稳定，因此在木材加工和使用之前，应将木材干燥至使用周围环境的平衡含水率。

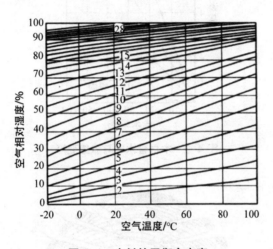

图 4-1　木材的平衡含水率

③湿胀干缩。

当木材从潮湿状态干燥至纤维饱和点时，其尺寸并不改变，继续干燥，亦即当细胞壁中的水分蒸发时，木材将发生收缩。反之，干燥木材吸湿后，将发生膨胀，直到含水率达到纤维饱和点时为止，此后即使含水率继续增大，也不再膨胀。木材含水率与胀缩变形的关系如图 4-2 所示。

木材的湿胀干缩变形随树种的不同而异，一般情况下表观密度大的，夏材含量多的木材胀缩变形较大。木材由于构造不均匀，各方向胀缩也不一样，在同一木材中，这种变化沿弦向最大，径向次之，纤维方向最小。木材干燥后的干缩变形如图 4-3 所示。木材的湿胀干缩对木材的使用有严重的影响，干缩使木结构构件连接处发生隙缝而松弛，湿胀则造成凸起。为了避免这种情况，在木材制作前将其进行干燥处理，使木材的含水率与使用环境常年平均含水率相一致。

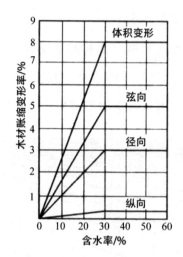

图 4-2　木材含水率与胀缩变形

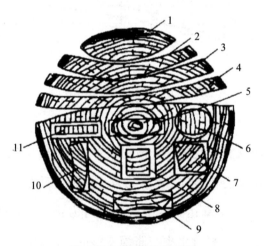

图 4-3　木材的干缩变形

1—边板呈橄榄核形；2、3、4—弦锯板呈瓦形反翘；5—通过髓心的径锯板呈纺锤形；
6—圆形变椭圆形；7—与年轮成对角线的正方形变菱形；
8—两边与年轮平行的正方形变长方形；9—弦锯板翘曲成瓦形；
10—与年轮成40°角的长方形呈不规则翘曲；11—边材径锯板收缩较均匀

### 3.木材的力学性质

（1）木材的强度。

木材的强度按受力状态分为抗拉、抗压、抗弯和抗剪四种强度。其中抗拉、抗压、抗剪强度又有顺纹和横纹之分。顺纹是指作用力方向与木材纤维方向平行，横纹是指作用力方向与木材纤维方向垂直。

①抗压强度。

顺纹受压破坏是木材细胞壁丧失稳定性的结果，并非纤维的断裂。木材的顺纹抗压强度较高，仅次于顺纹抗拉和抗弯强度，且木材的疵病对其影响较小。工程中常用柱、桩、斜撑及桁架等构件均为顺纹受压。

木材横纹受压时，细胞壁会产生弹性变形，变形与外力成正比。当超过比例极限时，细胞壁失去稳定，细胞腔被压扁，随即产生大量变形。木材横纹抗压强度比顺纹抗压强度低得多，通常只有其顺纹抗压强度的10%~20%。

②抗拉强度。

木材的顺纹抗拉强度是木材各种力学强度中最高的。顺纹受拉破坏时往往不是纤维被拉断而是纤维间被撕裂。木材的疵病如木节、斜纹、裂缝等都会使顺纹抗拉强度显著降低。同时，木材受拉杆件连接处应力复杂，使顺纹抗拉强度难以被充分利用。

木材的横纹抗拉强度很小，仅为顺纹抗拉强度的 1/40~1/10，因为木材纤维之间的横向连接薄弱，工程中一般不使用。

③抗弯强度。

木材受弯曲时会产生压、拉、剪等复杂的内部应力。受弯构件上部是顺纹抗压，下部是顺纹抗拉，而在水平面中则有剪切力。木材受弯破坏时，通常在受压区首先达到强度极限，开始形成微小的不明显的皱纹，但不会立即破坏，随着外力增大，皱纹慢慢在受压区扩展，产生大量塑性变形，以后当受拉区内许多纤维达到强度极限时，则因纤维本身及纤维间联结的断裂而最后破坏。木材的抗弯强度很高，为顺纹抗压强度的 1.5~2.0 倍，因此在建筑工程中常用作桁架、梁、桥梁、地板等。用于抗弯的木构件应尽量避免在受弯区有木节和斜纹等缺陷。

④抗剪强度。

木材的剪切分为顺纹剪切、横纹剪切和横纹剪断三种，如图 4-4 所示。

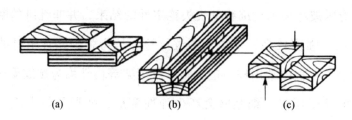

**图 4-4　木材的剪切**

（a）顺纹剪切；（b）横纹剪切；（c）横纹剪断

顺纹剪切破坏是破坏剪切面中纤维间的连接，绝大部分纤维本身并不发生破坏，所以木材的顺纹抗剪强度很小。

横纹剪切破坏是因剪切面中纤维的横向连接被撕裂，因此木材的横纹剪切强度比顺纹剪切强度还要低。

横纹切断破坏是将木纤维切断，因此强度较大，一般为顺纹剪切强度的 4~5 倍。

木材是非匀质的各向异性材料，所以各向强度差异很大。木材各种强度的关系见表 4-1，建筑工程上常用木材的主要物理力学性质见表 4-2。

表 4-1　木材各种强度之间的关系

| 抗拉 | | 抗压 | | 抗勇 | | 弯曲<br>1.5~2.0 |
|---|---|---|---|---|---|---|
| 顺纹 | 横纹 | 顺纹 | 横纹 | 顺纹 | 横纹 | |
| 2~3 | 1/20~1/3 | 1 | 1/10~1/3 | 1/7~1/3 | 1/2~1 | |

表 4-2　主要树种的物理力学性质

| 树种品名 | 树种别名 | 产地 | 气干表观密度 /(kg·m⁻³) | 顺纹抗压 /MPa | 顺纹抗拉 /MPa | 顺纹抗剪 | | 弯曲（弦向） | |
|---|---|---|---|---|---|---|---|---|---|
| | | | | | | 径面 | 弦面 | 强度 /MPa | 弹性模量 /MPa |
| 红松 | 海松、果松 | 东北 | 440 | 32.8 | 98.1 | 6.3 | 6.9 | 65.3 | 9 900 |
| 长白落叶松 | 黄花落叶松 | 东北 | 594 | 52.2 | 122.6 | 8.8 | 7.1 | 99.3 | 12 600 |
| 鱼鳞云杉 | 鱼鳞杉 | 东北 | 451 | 42.4 | 100.9 | 6.2 | 6.5 | 75.1 | 10 600 |
| 马尾松 | | 安徽 | 533 | 41.9 | 99.0 | 7.3 | 7.1 | 80.7 | 10 500 |
| 杉木 | 西湖木 | 湖南 | 371 | 38.8 | 77.2 | 4.2 | 4.9 | 63.8 | 9 500 |
| 柏木 | 柏香树、香扁树 | 湖北 四川 | 600 581 | 54.3 45.1 | 117.1 117.8 | 9.6 9.4 | 11.1 12.2 | 100.5 98.0 | 10 100 11 300 |
| 水曲柳 | 渠柳、秦皮 | 东北 | 686 | 52.5 | 138.7 | 11.2 | 10.5 | 118.6 | 14 500 |
| 山杨 | 明杨 | 东北 | 486 | 34.0 | 107.4 | 6.4 | 8.1 | 71.0 | 9 500 |
| 大叶榆 | 杨木 | 陕西 | 486 | 42.1 | 107.0 | 9.5 | 7.3 | 79.6 | 11 600 |
| 榆树 | 青榆 | 东北 | 548 | 37.1 | 116.4 | 7.5 | 8.2 | 81.0 | 9 200 |

⑤影响木材强度的主要因素。

a. 木材纤维组织。

木材受力时，主要是靠细胞壁承受外力，细胞壁越厚，纤维组织越密实，强度就越高。当夏材含量越高，木材强度越高，因为夏材比春材的结构密实、坚硬。

b. 含水量。

木材的强度随其含水量变化而异。含水量在纤维饱和点以上变化时，木材强度不变，在纤维饱和点以下时，随含水量降低，即吸附水减少，细胞壁趋于紧密，木材强度增大，反之强度减小。实验证明，木材含水量的变化对木材各种强度的影响是不同的，对抗弯和顺纹抗压影响较大，对顺纹抗剪影响较小，而对顺纹抗拉几乎没有影响，如图 4-5 所示。故此对木材各种强度的评价必须在统一的含水率下进行，目前采用的标准含水率为 12%。

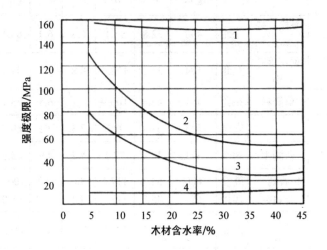

**图 4-5　含水量对木材强度的影响**

1—顺纹抗拉；2—弯曲；3—顺纹抗压；4—顺纹抗剪

c. 温度。

随环境温度升高木材的强度降低，因为高温会使木材纤维中的胶结物质处于软化状态。当木材长期处于 40~60 ℃ 的环境中，木材会发生缓慢的炭化。当温度在 100 ℃ 以上时，木材中部分组成会分解、挥发，木材颜色变黑，强度明显下降。因此当环境温度可能长期超过 50 ℃ 时，不应采用木结构。

d. 负荷时间。

木材的长期承载能力低于暂时承载能力。木材在外力长期作用下，只有当其应力远低于强度极限的某一范围时，才可避免木材因长期负荷而破坏。这是因为木材在外力作用下产生等速蠕滑，经过长时间以后，急剧产生大量连续变形的结果。

木材在长期荷载作用下不致引起破坏的最大强度，称为持久强度。木材的持久强度比极限强度小得多，一般为极限强度的 50%~60%。一切木结构都处于某一种负荷的长期作用下，因此在设计木结构时，应考虑负荷时间对木材强度的影响。

e.疵病。

木材在生长、采伐、保存过程中，所产生的内部或外部的缺陷，统称为疵病。木材的疵病包括天然生长的缺陷（如木节、斜纹、裂纹、腐朽、虫害等）和加工后产生的缺陷（如裂缝、翘曲等）。一般木材或多或少都存在一些疵病，使木材的物理力学性能受到影响。

木节使木材顺纹抗拉强度显著降低，对顺纹抗压强度影响较小。在木材受横纹抗压和剪切时，木节反而增加其强度。斜纹为木纤维与树轴成一定夹角，斜纹木材严重降低其顺纹抗拉强度，抗弯次之，对顺纹抗压影响较小。裂纹、腐朽、虫害等疵病，会造成木材构造的不连续性或破坏其组织，因此严重影响木材的力学性质，有时甚至能使木材完全失去使用价值。

完全消除木材的各种缺陷是不可能的，也是不经济的。应当根据木材的使用要求正确地选用，减少各种缺陷所带来的影响。

（2）木材的韧性。

木材的韧性较好，因而木结构具有较好的抗震性。木材的韧性受到很多因素的影响，如木材的密度越大，冲击韧性越好；高温会使木材变脆，韧性降低；任何缺陷的存在都会严重影响木材的冲击韧性。

（3）木材的硬度和耐磨性。

木材的硬度和耐磨性主要取决于细胞组织的紧密度，各个截面上相差显著。木材横截面上的硬度和耐磨性都较径切面和弦切面为高。木髓线发达的木材其弦切面的硬度和耐磨性比径切面高。

## 二、木材的规格和等级标准

我国木材供应的形式主要有原条、原木和板枋三种。根据不同的用途，要求木材采用不同的形式。

原条是指除去皮、根、树梢的木材，但尚未按一定尺寸加工成规定直径和长度的材料。主要用途：建筑工程的脚手架、建筑用材、家具等。

原木是指除去皮、根、树梢的木材，并已按一定尺寸加工成规定直径和长度的材料。主要用途：直接使用的原木，如建筑工程（屋架、檩、椽等）、桩木、电杆、坑木等；加工原木，如用于胶合板、造船、车辆、机械模型及一般加工用材等。

板枋是指原木经锯解加工而成的木材，宽度为厚度 3 倍或 3 倍以上的称为板材，不足 3 倍的称为枋材。锯木用途：建筑工程、桥梁、家具、造船、车辆、包装箱板等。枕木用途：铁道工程。

各种木材的规格见表 4-3。

表 4-3　常用建筑木材分类

| 序号 | 分类名称 | | 规格 |
|---|---|---|---|
| 1 | 原条 | | 小头直径 <60 mm，长度 >5 m（根部锯口到梢头直径 60 mm 处） |
| 2 | 原木 | | 小头直径 ≥ 40 mm，长度 2~10 m |
| 3 | 板枋 | 板材 | 薄板　厚度 ≤ 18 mm |
| | | | 中板　厚度 19~35 mm |
| | | | 厚板　厚度 35~65 mm |
| | | | 特厚板　厚度 ≥ 66 mm |
| | | 枋材 | 小枋　宽 × 厚 ≤ 54 mm² |
| | | | 中枋　宽 × 厚 55~100 mm² |
| | | | 大植　宽 × 厚 101~225 mm² |
| | | | 特大枋　宽 × 厚 ≥ 226 mm² |

按承重结构的受力情况和缺陷的多少，对承重结构木构件材质等级分成三级，见表 4-4。设计时应根据构件受力种类选用适当等级的木材。

表 4-4 承重木结构板材等级标准

| 项次 | 缺陷名称 | 木材等级 | | |
|---|---|---|---|---|
| | | Ⅰ 等材 | Ⅱ 等材 | Ⅲ 等材 |
| | | 受拉构件或拉弯构件 | 受弯构件或压弯构件 | 受压构件 |
| 1 | 腐朽 | 不允许 | 不允许 | 不允许 |
| 2 | 木节:在构件任一面任何 15 cm 长度上所有木节尺寸总和不得大于所在面宽的所有木节尺寸总和 | 1/4(连接部位为 1/5) | 1/3 | 2/5 |
| 3 | 斜纹:斜率不大于 /% | 5 | 8 | 12 |
| 4 | 裂缝:连接部位的受剪面及其附近 | 不允许 | 不允许 | 不允许 |
| 5 | 髓心 | 不允许 | 不允许 | 不允许 |

# 三、木材的应用

木材是传统的建筑材料,我国许多古建筑物均为木结构,它们在建筑技术和艺术上均有很高的水平,并具有独特的风格。尽管现在已经研发生产了许多种新型建筑材料,但由于木材具有其独特的优点,特别是木材具有美丽的天然纹理,是其他装饰材料无法比拟的。所以木材在建筑工程尤其是装饰领域中始终保持着重要的地位。

## (一)木材在建筑中的应用

在结构上木材主要用于构架和屋顶,如梁、柱、桁檩、望板、斗拱、椽等。木材表面经加工后,被广泛应用于房屋的门窗、地板、墙裙、天花板、扶手、栏杆、隔断等。另外,木材在建筑工程中还常用作混凝土模板及木桩等。

## (二)木材的综合加工利用

我国是木材资源贫乏的国家。为了保护和扩大现有森林面积,必须合理综合地利用木材。充分利用木材加工后的边角废料以及废木材,加工制成各种人造板材是综合利用木材的主要途径。

人造板材幅面宽、表面平整光滑、不翘曲、不开裂,经加工处理后具有防水、防火、耐酸等性能。主要的人造板材如下。

**1. 胶合板**

胶合板又称层压板，是由木段旋切成单板（图 4-6）或方木刨成薄木，再用胶黏剂胶合而成的三层以上的板状材料。胶合板的层数为 3~13 不等，并以层数取名，如三合板、五合板等。所用胶料有动植物胶和耐水性好的酚醛、脲醛等合成树脂胶。

为了改善天然木材各向异性的特性，使胶合板性质均匀、形状稳定，一般胶合板在结构上都要遵守两个基本原则：一是对称，二是相邻层单板纤维相互垂直。对称原则就是要求胶合板对称中心平面两侧的单板，无论木材性质、单板厚度、层数、纤维方向、含水率等，都应该互相对称。在同一张胶合板中，可以使用单一树种和厚度的单板，也可以使用不同树种和厚度的单板，但对称中心平面两侧任何两层互相对称的单板树种和厚度要一样。

胶合板可用于隔墙板、天花板、门芯板、室内装修和家具。

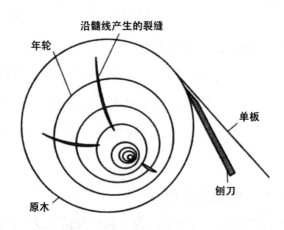

图 4-6 木段旋切单板示意图

**2. 纤维板**

纤维板是用木材或植物纤维作为主要原料，经机械分离成单体纤维，加入添加剂制成板坯，通过热压或胶黏剂组合成人造板。纤维板因做过防水处理，其吸湿性比木材小，形状稳定性、抗菌性都较好，并且构造均匀，克服了木材各向异性和有天然疵病的缺陷，不易翘曲和开裂，表面适于粉刷各种涂料或粘贴装裱。按容重纤维板可分为：硬质纤维板（又称高密度纤维板，密度大于 800 kg/m³）、半硬质纤维板（又称中密度纤维板，密度为 500~700 kg/m³）、软质纤维板（又称低密度纤维板，密度小于 400 kg/m³）。

硬质纤维板强度高，在建筑工程应用最广，可代替木板使用，主要用作室内壁板、门板、地板、家具等，通常在板表面施以仿木油漆处理，可达到以假乱真的效果；半硬质纤维板，常制成带有一定孔型的盲孔板，板表面常施以白色涂料，这种板兼具吸声和装饰效果，多用于宾馆等室内顶棚材料；软质纤维板具有良好吸音和隔热性能，主要用于高级建筑的吸音结构或作保温隔热材料。

**3. 细木工板**

细木工板是由两片单板中间黏压拼接木板而成，如图 4-7 所示。由于芯板是用已处理过的小木条拼成，因此，它的特点是结构稳定，不像整板那样易翘曲变形，上下面覆以单板或胶合板，所以强度高。与同厚度的胶合板相比，耗胶量少，质量轻，成本低等，可利用木材加工厂内的加工剩余物或小规格材作芯板原料，节省了材料，提高了木材利用率。

**4. 刨花板、木丝板、木屑板**

刨花板、木丝板、木屑板是利用刨花碎片、短小废料刨制的木丝、木屑等为原料，经干燥后拌入胶凝材料，再经热压而制成的人造板材。所用胶凝材料可以是合成树脂，也可为水泥、菱苦土等无机胶凝材料。这类板材一般体积密度小，强度低，主要用作绝热和吸声材料，也可做隔墙。其中热压树脂刨花板和木屑板，其表面可粘贴塑料贴面或胶合板做饰面层，这样既增加了板材的强度，又使板材具有装饰性，可用作吊顶、隔墙、家具等材料。

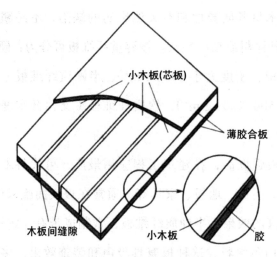

图 4-7  细木工板组成示意图

## 四、木材的防腐与防火

木材最大的缺点是易腐和易燃，因此木材在加工与应用时，必须考虑木材的防腐和防火问题。

### （一）木材的腐朽

木材是天然有机材料，易受真菌侵害而腐朽。侵蚀木材的真菌主要有三种：变色菌、霉菌和腐朽菌。其中变色菌和霉菌对木材的危害较小，而腐朽菌寄生在木材的细胞壁中，它能分泌出一种酵素，把细胞壁物质分解成简单的养料，供自身在木材中生长繁殖，从而使木材产生腐朽，并逐渐破坏。真菌在木材中生存和繁殖，必须同时具备三个条件。

#### 1.水分

木材的含水率在 20%~30% 时最适宜真菌繁殖生存，低于 20% 或高于纤维饱和点不利于腐朽菌的生长。

## 2.空气

真菌生存和繁殖需要氧气，所以完全浸入水中或深埋在泥土中的木材则因缺氧而不易腐朽。

## 3.温度

一般真菌生长的最适宜温度为 25~30 ℃，当温度低于 5 ℃时，真菌停止繁殖，而高于 60 ℃时，真菌不能生存。

### （二）木材的防腐

根据木材产生腐朽的原因，防止木材腐朽的措施主要有以下两种。

#### 1.对木材进行干燥处理

木材加工使用之前，为提高木材的耐久性，必须进行干燥，将其含水率降至 20% 以下。木制品和木结构在使用和储存中必须注意通风、排湿，使其经常处于干燥状态。对木结构和木制品表面进行油漆处理，油漆涂层即使木材隔绝了空气和水分，又增添了美观。

#### 2.对木材进行防腐剂处理

用化学防腐剂对木材进行处理，使木材变为有毒的物质而使真菌无法寄生。木材防腐剂种类很多，一般分为水溶性、油质和膏状三类。水溶性防腐剂主要用于室内木结构的防腐处理。油质防腐剂毒杀伤效力强，毒性持久，有刺激性臭味，处理后木材变黑，常用于室外、地下或水下木构件，如枕木、木桩等。膏状防腐剂由粉状防腐剂、油质防腐剂、填料和胶结料（煤沥青、水玻璃等）按一定比例配制而成，用于室外木结构防腐。

对木材进行防腐处理的方法很多，主要有涂刷或喷涂法、压力渗透法、常压浸渍法、冷热槽浸透法等。其中表面涂刷或喷涂法简单易行，但防腐剂不能渗入木材内部，故防腐效果较差。

### （三）木材的防火

木材的防火，是指用具有阻燃性能的化学物质对木材进行处理，经处理后的木材变成难燃的材料，以达到遇小火能自熄，遇大火能延缓或阻止燃烧蔓延，从而赢得补救时间的目的。

#### 1. 木材燃烧及阻燃机理

木材在热的作用下发生热分解反应，随着温度升高，热分解加快，当温度升高至 220 ℃以上达木材燃点时，木材燃烧放出大量可燃气体，这些可燃气体中有着大量高能量的活化基，活化基氧化燃烧后继续放出新的活化基，如此形成一种燃烧链反应，于是火焰在链状反应中得到迅速传播，使火越烧越旺，此称气相燃烧。当温度达 450 ℃时，木材形成固相燃烧。在实际火灾中，木材燃烧温度可达 1 300 ℃。

由上可知，要阻止和延缓木材燃烧，可有以下几种措施。

（1）抑制木材在高温下的热分解。

某些含磷化合物能降低木材的热稳定性，使其在较低温度下即发生分解，从而减少可燃气体的生成，抑制气相燃烧。

（2）阻止热传递。

一些盐类，特别是含有结晶水的盐类，具有阻燃作用。例如含结晶水的硼化物、氢氧化钙、含水氧化铝和氢氧化镁等，遇热后则吸收热量而放出蒸汽，从而减少了热量传递。磷酸盐遇热缩聚成强酸，使木材迅速脱水炭化，而木炭的导热系数仅为木材的 1/3~1/2，从而有效抑制了热的传递。同时，磷酸盐在高温下形成玻璃状液体物质覆盖在木材表面，也起到隔热层的作用。

（3）增加隔氧作用。

稀释木材燃烧面周围空气中的氧气和热分解产生的可燃气体，增加隔氧作用。如采用含结晶水的硼化物和含水氧化铝等，遇热放出水蒸气，能稀释氧气及可燃气体的浓度，从而抑制木材的气相燃烧。而磷酸盐和硼化物等在高温下形成玻璃状覆盖层，则阻止了木材的固相燃烧。另外，卤化物遇热分解生成的卤化氢能稀释可燃气体，卤化氢还可与活化基作用而切断燃烧链，阻止气相燃烧。

　　一般情况下，木材阻燃措施不单独采用，而是多种措施并用，亦即在配制木材阻燃剂时，通常选用两种以上的成分复合使用，使其互相补充，增强阻燃效果，以达到一种阻燃剂可同时具有几种阻燃作用。

　　2．木材防火处理方法

　　木材防火处理方法有表面涂敷法和溶液浸注法。

　　（1）表面涂敷法。

　　在木材表面涂敷防火涂料，既防火又具有防腐和装饰作用。木材防火涂料分为溶剂型防火涂料和水乳型防火涂料两类。其主要品种、特性和用途见表4-5。

表 4-5　木材防火涂料主要品种、特性及应用

| | 品种 | 防火特征 | 应用 |
|---|---|---|---|
| 溶剂型防火涂料 | A60-1 型改性氨基膨胀防火涂料 | 遇火生成均匀致密的海绵状泡沫隔热层，防止初期火灾和减缓火灾蔓延扩大 | 高层建筑、商店、影剧院、地下工程等可燃部位防火 |
| | A60-501 膨胀防火涂料 | 涂层遇火体积迅速膨胀 100 倍以上，形成连续蜂窝状隔热层，释放出阻燃气体，具有优异的阻燃隔热效果 | 广泛用于木板、纤维板、胶合板等的防火保护 |
| | A60-KG 型快干氨基膨胀防火涂料 | 遇火膨胀生成均匀致密的泡沫状炭质隔热层，有极其良好的阻燃隔热效果 | 公共建筑、高层建筑、地下建筑等有防火要求的场所 |
| | AE60-1 膨胀型透明防火涂料 | 涂膜透明光亮，能显示基材原有纹理，遇火时涂膜膨胀发泡，形成防火隔热层。既有装饰性，又有防火性 | 广泛用于各种建筑室内的木质、纤维板、胶合板等结构构件及家具的防火保护和装饰 |

续表

| 品种 | | 防火特征 | 应用 |
|---|---|---|---|
| 水乳型防火涂料 | B60-1 膨胀型丙烯酸水性防火涂料 | 在火焰和高温作用下，涂层受热分解出大量灭火性气体，抑制燃烧。同时，涂层膨胀发泡，形成隔热覆盖层，阻止火势蔓延 | 公共建筑、高级宾馆、酒店、学校、医院、影剧院、商场等建筑物的木板、纤维板、胶合板结构构件及制品的表面防火保护 |
| | B60-2 木结构防火涂料 | 遇火时涂层发生理化反应，构成绝热的炭化泡膜 | 建筑物木墙、木屋架、木吊顶以及纤维板、胶合板构件的表面防火阻燃处理 |
| | B878 膨胀型丙烯酸乳胶防火涂料 | 涂膜遇火立即生成均匀致密的蜂窝状隔热层，延缓火焰的蔓延，无毒无臭，不污染环境 | 学校、影剧院、宾馆、商场等公共建筑和民用住宅等内部可燃性基材的防火保护及装饰 |

（2）溶液浸注法。

溶液浸注法分为常压浸注和加压浸注两种，后者阻燃剂吸入量及透入深度均大大高于前者。浸注处理前，要求木材必须达到充分气干，并经初步加工成型，以免防火处理后进行大量锯、刨等加工，使木料中具有阻燃剂的部分被除去。

# 第二节　墙面涂料

## 一、墙面涂料概述

### （一）墙面涂料的定义

墙面涂料是指用于建筑墙面，使建筑墙面美观整洁，同时也能够起到保护建筑墙面，延长其使用寿命的材料。墙面涂料按建筑墙面分类包括内墙涂料和外墙涂料两大部分。内墙涂料注重装饰和环保，外墙涂料注重防护和耐久。

## （二）墙面涂料的技术性质

### 1.干燥时间

涂料从液体层变成固态涂膜所需时间称为干燥时间，根据干燥程度的不同，又可分为表干时间、实干时间和完全干燥时间三项。每一种涂料都有其一定的干燥时间，但实际干燥过程的长短还要受气候条件、环境湿度等因素的影响。

### 2.流平性

流平性是指涂料被涂于基层表面后能自动流展成平滑表面的性能。流平性好的涂料，在干燥后不会在涂膜上留下刷痕，这对于罩面层涂料来讲是很重要的。

### 3.遮盖力

遮盖力是指有色涂料所成涂膜遮盖被涂表面底色的能力。遮盖力的大小与涂料中所用颜料的种类、颜料颗粒的大小和颜料在涂料中分散程度等有关。涂料的遮盖力越大，则在同等条件下的涂装面积也越大。

### 4.附着力

附着力是指涂料涂膜与被涂饰物体表面间的黏附能力。附着强度的产生是由于涂料中的聚合物与被涂表面间极性基团的相互作用。因此，一切有碍这种极性结合的因素都将使附着力下降。

### 5.硬度

硬度是指涂膜耐刻划、刮、磨等的能力大小，是表示涂膜力学强度的重要性能之一。一般来说，有光涂料比各种平光涂料的硬度高，而各种双组分涂料的硬度更高。

## 二、外墙涂料的检测与应用

### （一）外墙涂料的特点

外墙涂料是施涂于建筑物外立面或构筑物的涂料。外墙涂料长期暴露在外界环境中，须经受日晒雨淋、冻融交替、干湿变化、有害物质侵蚀和空气污染等。为了获得良好的装饰与保护效果，外墙涂料应具备以下特点。

**1.装饰性好**

要求外墙涂料色彩丰富且保色性优良，能较长时间保持原有的装饰性能。

**2.耐候性好**

外墙涂料因涂层暴露于大气中，要经受风吹、日晒、盐雾腐蚀、雨淋、冷热变化等作用，在这些外界自然环境的长期反复作用下，涂层易发生开裂、粉化、剥落、变色等现象，使涂层失去原有的装饰保护功能。因此，要求外墙在规定的使用年限内，涂层应不发生上述破坏现象。

**3.耐水性好**

外墙涂料饰面暴露在大气中，会经常受到雨水的冲刷。因此，外墙涂料涂层应具有较好的耐水性。某些防水型外墙涂料，其抗水性能更佳，当基层墙发生小裂缝时，涂层仍有防水的功能。

**4.耐沾污性好**

大气中灰尘及其他悬浮物质会污染涂层失去原有的装饰效果，从而影响建筑物外貌。因此，外墙涂料应具有较好的耐沾污性，使涂层不易被污染或污染后容易清洗掉。

**5.耐霉变性好**

外墙涂料饰面在潮湿环境中易长霉。因此，要求涂膜抑制霉菌和藻类繁殖生长。

### 6.施工及维修容易

一般建筑物外墙面积很大,要求外墙涂料施工操作简便。为了保持涂层良好的装饰效果,要求重涂施工容易。

另外,根据设计功能要求不同,对外墙涂料也提出了更高要求:如在各种外墙外保温系统涂层应用,要求外墙涂层具有较高的弹性延伸率,以更好地适应由于基层的变形而出现面层开裂,对基层的细小裂缝具有遮盖作用;对于仿铝塑板装饰效果的外墙涂料还应具有更好的金属质感、超长的户外耐久性等。

## (二)外墙涂料的分类

外墙涂料按照装饰质感分为四类。

### 1.薄质外墙涂料

大部分彩色丙烯酸有光乳胶漆,均系薄质涂料。它是有机高分子材料为主要成膜物质,加上不同的颜料、填料和骨料而制成的薄涂料。其特点是耐水、耐酸、耐碱、抗冻融等特点。

使用注意事项:施工后 4~8 h 避免雨淋,预计有雨则停止施工;风力在 4 级以上时不宜施工;气温在 5 ℃以上方可施工;施工器具不能沾上水泥、石灰等。

### 2.复层花纹涂料

复层花纹类外墙涂料,是以丙烯酸酯乳液和高分子材料为主要成膜物质的有骨料的新型建筑涂料。分为底釉涂料、骨架涂料、面釉涂料三种。底釉涂料起到对底材表面进行封闭的作用,同时还可以增加骨料和基材之间的结合力。骨架材料是涂料特有的一层成型层,是主要构成部分,它增加了喷塑涂层的耐久性、耐水性及强度。面釉材料是喷塑涂层的表面层,其内加入各种耐晒彩色颜料,使其面层带柔和的色彩。按不同的需要,深层分为有光和平光两种。面釉材料起美化喷塑深层和增加耐久性的作用。其耐候能力好；对墙面有很好的渗透作用，结合牢固；使用不受温度限制，零度以下也可施工；施工方便，可采用多种喷涂工艺；可以按照要求配置成各种颜色。

**3.彩砂涂料**

彩砂涂料是以丙烯酸共聚乳液为胶黏剂，由高温燃结的彩色陶瓷粒或以天然带色的石屑作为骨料，外加添加剂等多种助剂配制而成。

该涂料无毒，无溶剂污染，快干，不燃，耐强光，不褪色，耐污染性能好。利用骨料的不同组配可以使深层色彩形成不同层次，取得类似天然石材的丰富色彩的质感。彩砂涂料的品种有单色和复色两种。彩砂涂料主要用于各种板材及水泥砂浆抹面的外墙面装饰。

**4.厚质涂料**

厚质类外墙涂料是指丙烯酸凹凸乳胶底漆，它是以有机高分子材料苯乙烯、丙烯酸、乳胶液为主要成膜物质，加上不同的颜料、填料和骨料而制成的厚涂料。特点是耐水性好、耐碱性、耐污染、耐候性好，施工维修容易。

## （三）外墙涂料的选用

外墙涂料的选用见表4-6。

# 三、内墙涂料的检测与应用

## （一）内墙涂料的特点

内墙涂料主要的功能是装饰和保护室内墙面，使其美观整洁，让人们处于愉悦的居住环境中。内墙涂料使用环境条件比外墙涂料好，因此在耐候性、耐水性、耐沾污性和涂膜耐温变性等方面要求较外墙涂料要低，但内墙涂料在环保性方面要求往往比外墙涂料高。为了获得良好的装饰与保护效果，内墙涂料应具备以下特点。

表 4-6　外墙涂料选用

| 技术与产品类别 | | 性能指标 | 优选 | 推荐 | 限制 | 淘汰 | 备注 |
|---|---|---|---|---|---|---|---|
| T2 外墙涂料 | T21 丙烯酸共聚乳液薄质外墙涂料（含苯丙、纯丙烯酸乳液外墙涂料） | 应符合现行 GB/T 9755 优等品的要求 | √ | | | | 适用于住宅、公共建筑、工业建筑和构筑物的各类装修工程 |
| | | 应符合现行 GB/T 9755 的要求 | | √ | | | |
| | T22 有机硅丙烯酸酯乳液薄质外墙乳胶涂料 | 应符合现行 GB/T 9755 优等品的要求 | √ | | | | 适用于住宅、公共建筑、工业建筑和构筑物的各类装修工程 |
| | | 应符合现行 GB/T 9755 的要求 | | √ | | | |
| | T23 水性聚氨酯外墙涂料 | 应符合现行 GB/T 9755 的要求 | | √ | | | 适用于住宅、公共建筑、工业建筑和构筑物的各类装修工程 |
| | T24 丙烯酸共聚乳液厚质外墙涂料（含复层、砂壁状等外墙涂料） | 应符合现行 GB/T 9779 或 JG/T 24 的要求 | | √ | | | 适用于住宅、公共建筑、工业建筑的各类装修工程 |
| | T25 溶剂型有机硅改性丙烯酸树脂外墙涂料 | 应符合现行 GB/T 9757 优等品的要求 | √ | | | | 适用于高层住宅、公共建筑、工业建筑和构筑物中抗沾污性要求高的各类装修工程 |
| T2 外墙涂料 | T26 溶剂型丙烯酸外墙涂料（低毒性溶剂） | 应符合现行 GB/T 9757 优等品的要求 | | √ | | | 适用于高层住宅、公共建筑、工业建筑和构筑物的各类装修工程 |
| | T27 溶剂型丙烯酸聚氨酯外墙涂料 | 应符合现行 GB/T 9757 优等品的要求 | √ | | | | 适用于高层住宅、公共建筑、工业建筑和构筑物的各类装修工程 |

**1. 色彩丰富，质地优良**

内墙的装饰效果主要由质感、线条和色彩三个因素构成。采用涂料装饰则色彩为主要因素。内墙涂料的颜色一般应浅淡、明亮，由于众多的居住者对颜色的喜爱不同，因此建筑内墙涂料的色彩要求品种丰富。内墙涂层与人们的距离比外墙涂层近，因而要求内墙装饰涂层质地平滑、细洁，色彩调和。

### 2.耐碱性、耐水性、耐粉化性良好

由于墙面基层常带有碱性，因而涂料的耐碱性应良好。室内湿度一般比室外高，同时为清洁内墙，涂层常要与水接触，因此，要求涂料具有一定的耐水性及耐刷洗性。脱粉型的内墙涂料是不可取的，它会给居住者带来极大的不适感。

### 3.透气性良好

室内常有水汽，透气性不好的墙面材料易结露、挂水，使人们居住有不舒服感，因而透气性良好的材料配置内墙涂料是可取的。

### 4.涂刷方便，重涂容易

人们为了保持优雅的居住环境，内墙面翻修的次数较多，因此要求内墙涂料涂刷施工方便、维修重涂容易。

## （二）内墙涂料的分类

### 1.合成树脂乳液内墙涂料（内墙乳胶漆）

合成树脂乳液内墙涂料是以合成树脂乳液为基料加入颜料、填料及各种助剂配制而成的一类水性涂料。内墙乳胶漆的主要特点是以水为分散介质，因而安全无毒，不污染环境，属环境友好型涂料。

### 2.水溶性内墙涂料

水溶性内墙涂料是以水溶性聚合物为基料，加入一定量的颜料、填料、助剂和水，经研磨、分散后制成的，聚乙烯醇水玻璃内墙涂料、聚乙烯醇缩甲醛内墙涂料和仿瓷内墙涂料等都是水溶性内墙涂料。

### 3.多彩内墙涂料

多彩内墙涂料是一种两相分散体系，其中一相是涂料，称为分散相，另一相为分散介质。它最突出的特点是一次喷涂即可达到多彩效果，但它含有有机溶剂，对环境是有污染的。

### 4.其他内墙涂料

内墙涂料的品种较多，除上述三大类外，还有质感内墙涂料、马来漆、溶剂型内墙涂料、梦幻内墙涂料、纤维质内墙涂料等。

## （三）内墙涂料的选用

内墙涂料的选用见表4-7。

表4-7　内墙涂料选用

| 技术与产品类别 | | 性能指标 | 优选 | 推荐 | 限制 | 淘汰 | 备注 |
|---|---|---|---|---|---|---|---|
| T1 内墙涂料 | TU 丙烯酸共聚乳液系列内墙涂料(纯丙、苯丙、醋丙等乳液涂料) | 除符合现行CB/T9756优等品的要求外，还应符合HJBZ4环境标志产品技术要求（水性涂料） | √ | | | | 适用于住宅、工业建筑和公共建筑装修工程 |
| | | 应符合现行GB/T9756的要求 | | √ | | | |
| | T12 乙烯－醋酸乙烯共聚乳液系列内墙涂料（含醋酸乙烯乳液涂料） | 应符合现行GB/T9756的要求 | | √ | | | 适用于住宅装修工程（普通内墙装修） |
| | T13 水溶性树脂涂料 | 参照执行现行JC/T423 | | | √ | | 不允许用于住宅、公共建筑和工业建筑的高级装修工程 |

# 第三节　装饰板材

随着建筑结构体系的改革、墙体材料的发展，各种墙用板材、轻质墙板迅速兴起，以板材为围护墙体的建筑体系具有轻质、节能、施工便捷、开间布置灵活、节约空间等特点，具有很好的发展前景。

## 一、玻璃钢装饰板材的检测与应用

玻璃纤维增强塑料（Glass Fiber Reinforced Plastics，GFRP）又称玻璃钢，是以不饱和聚酯树脂、环氧树脂、酚醛树脂、有机硅等为基体，以熔融的玻璃液拉制成的细丝，即玻璃纤维及其制品（玻璃布、带和毡等）为增强体质成的复合材料。

### （一）玻璃钢的特点

第一，玻璃钢的性能主要取决于合成树脂和玻璃纤维的性能，即取决于它们的相对含量以及它们间的黏结力。合成树脂和玻璃纤维的强度越高，特别是玻璃纤维的强度越高，则玻璃钢的强度越高。

第二，玻璃钢属于各向异性材料，其强度与玻璃纤维密切相关，以纤维方向的强度最高，玻璃布层与层之间的强度最低。

第三，玻璃钢制品具有基材和加强材的双重特性，具有良好的透光性和装饰性，可制成色彩绚丽的透光或不透光构件或饰件。

第四，成型性好、制作工艺简单，可制成复杂的构件，也可以现场制作。

第五，强度高（可超过普通碳素钢）、质量轻（密度仅为钢的1/5~1/4），是典型的轻质高强材料，可以在满足设计要求的条件下，大大减轻建筑物的自重。

第六，具有良好的耐化学腐蚀性和电绝缘性；耐湿、防潮，可用于有耐湿要求的建筑物的某些部位。

### （二）玻璃钢的应用

玻璃钢主要用作装饰材料、屋面及围护材料、防水材料、采光材料、排水管等。同时玻璃钢还可与钢结构结合，制成公园中的山景，如北京世界公园的科罗拉多大峡谷，天津儿童乐园的峡谷漂流等，都是玻璃钢制品的成功应用。

### （三）玻璃钢的规格

玻璃钢的规格见表 4-8。

表 4-8　玻璃钢装饰板规格及花色

| 规格尺寸 /mm | 花色 | 产地 |
|---|---|---|
| 1 700 × 920、700 × 500 | 粗、细木纹、有米黄、深黄等色石纹、花纹图案 | 贵州 |
| 1 850 × 850 | 木纹、石纹、花纹，各种颜色 | 昆明 |
| 2 000 × 850 | 木纹、石纹、花纹，各种颜色 | 江西 |
| 1 700 × 850 | 木纹、石纹、花纹，各种颜色 | 江西 |
| 1 850 × 850 | 木纹、石纹、花纹，各种颜色 | 安徽 |
| 1 800 × 850 | 木纹、石纹、花纹，各种颜色 | 安徽 |
| （1 000~850）×（100~200） | 木纹、石纹、花纹，各种颜色 | 江苏 |
| 1 000 × 900、1 500 × 900 1 800 × 900、2 000 × 900 | 各种花色 | 新疆 |
| 150 × 150、500 × 500 | 人造大理石贴面 | 江苏 |
| 1970 × 970 | 各种花色 | 广西 |
| 500 × 500 | 各种花色 | 江苏 |

## 二、建筑装饰用钢制板材的检测与应用

作为独特的建筑装饰材料，各种金属很早就已经开始使用，例如我国云南昆明的金殿、北京颐和园的铜亭、泰山的铜殿等，我国的布达拉宫和泰国皇宫等建筑金碧辉煌的装饰都给人们留下了极为美好的印象。

## （一）不锈钢及其制品

普通钢材易锈蚀，每年大量钢材遭锈蚀损坏。而不锈钢装饰是近期较流行的一种建筑装饰方法，其应用范围已从小型不锈钢五金装饰件和不锈钢建筑雕塑拓展为柱面、栏杆和扶手装饰的领域中。不锈钢制品是以铬为主要合金元素的合金钢，铬含量越高，钢的耐腐蚀性就越好。这是因为铬合金元素的性质比铁元素活泼，它首先与环境中的氧结合，生成一层与钢基体牢固结合而又致密的氧化膜层，即钝化膜。钝化膜可以很好地保护合金钢不被腐蚀。为改善不锈钢的强度、塑性、韧性和耐腐蚀性等，通常在不锈钢中加入镍、锰、钛等元素。

不锈钢饰件具有金属光泽和质感，装饰板表面光洁度高，具有镜面般的效果，同时具有强度高、硬度大、维修简单、易于清理等特点。

建筑装饰用不锈钢制品主要是薄钢板，常用的产品有不锈钢镜面板、不锈钢刻花板、不锈钢花纹板、彩色不锈钢板等。其中厚度小于 1 mm 的薄钢板用得最多，常用来做包柱装饰。不锈钢包柱就是将不锈钢进行技术和艺术处理后广泛用于建筑柱面的一种装饰，其主要工艺过程包括混凝土柱面修整，不锈钢板的安装、定位、焊接、打磨修光等。它通过不锈钢的高反射性和金属质地的强烈时代感，从而起到点缀、烘托、强化的作用，广泛用于大型商店、宾馆的入口、门厅和中庭等处。可取得与周围环境中的各种色彩、景物交相辉映的效果，同时在灯光的配合下，还可形成晶莹明亮的高光部分。

在不锈钢钢板上用化学镀膜、化学浸渍的方法对普通不锈钢板进行表面处理，可制得各种颜色的彩色不锈钢制品，其颜色有蓝、灰、紫、红、青、绿、金黄、橙、茶色等，其色泽能随着光照角度改变而产生变幻的色调，主要适用于各类高档装饰领域，如高级建筑物的电梯厢板、厅堂墙板、顶棚、柱等处，也可做车厢板、扶梯侧帮、建筑物装潢和招牌。采用彩色不锈钢板装饰墙面，不仅坚固耐用，美观新颖，而且有很强的时代感。

不锈钢包覆钢板是在普通钢板的表面包覆不锈钢而成，不仅可节省价格昂贵的不锈钢而且具有更好的可加工性，使用效果和应用领域同不锈钢板。彩色不锈钢板的规格见表 4-9。

表 4-9　彩色不锈钢板的规格

| 品名 | | 彩色不锈钢板（有槽型、角型、方管、圆管等型材） | | | | | |
|---|---|---|---|---|---|---|---|
| 规格 | 厚度 /mm | 0.2 | 0.3 | 0.4 | 0.5 | 0.6 | 0.7 | 0.8 |
| | 长 × 宽 /mm | 2 000×1 000，1 000×500，可根据用户需要规格尺寸加工 | | | | | |

### （二）彩色涂层钢板

彩色涂层钢板是以冷轧板或镀锌钢板为基板，采用表面化学处理和涂漆等工艺处理方法，使基板表面覆盖一层或多层高性能的涂层制作成的产品。钢板的涂层可分为有机涂层、无机涂层和复合涂层，它一方面起到保护金属的作用，另一方面又可起到装饰作用。有机涂层可以加工成各种不同色彩和花纹，所以常被称为彩色钢板或彩板。彩色涂层钢板最大特点是同时利用金属材料和有机材料的各自特性，例如金属板材的可加工性和延性，有机涂层附着力强、色泽鲜艳不变色，具有良好的装饰性能、防腐蚀性能、耐污染性能、耐热耐低温性能以及可加工性能，丰富的颜色和图案等，是近年来发展较快的一种装饰板材，常用于建筑外墙板、屋面板和护壁板系统等。另外，还可以做防水渗透板、排气管、通风管道、耐腐油管道和电气设备罩等。

其主要技术性质包括涂层厚度、涂层光泽度、硬度、弯曲、反向冲击、耐盐雾等，应满足《彩色涂层钢板及钢带》（GB/T 12754—2019）的有关规定要求。

### （三）建筑用压型钢板

将薄钢板经辐压、冷弯，截面呈 V 形、U 形、梯形等形状的波形钢板，称为压型钢板（俗称彩钢板）。压型钢板具有质量轻、色彩鲜艳丰富、造型美观、耐久性好、加工方便、施工方便等特点，广泛用于工业、公用、民用建筑物的内外墙面、屋面、吊顶装饰和轻质夹芯板材的面板等。例如金属面聚苯乙烯夹芯板就是以阻燃型聚苯乙烯泡沫塑料作芯材，以彩色涂层钢板为面材，用黏结剂复合而成金属夹芯板。

### （四）塑料复合板

塑料复合板是在 Q215 和 Q235 钢板上覆以 0.2~0.4 mm 的半硬质聚氯乙烯薄膜而成。它具有良好的绝缘性、耐磨性、抗冲击性和可加工性等，又可在其表面绘制图案和艺术条纹，主要用于地板、门板和天花板等。

## 三、铝合金装饰板材的检测与应用

### （一）铝的特性

铝为银白色轻金属，强度低，但塑性好，导热、电热性能强。其化学性质很活跃，在空气中易和空气反应，在表面生成一层氧化铝薄膜，可阻止铝继续被腐蚀。其缺点是弹性模量低、热膨胀系数大、不易焊接、价格较高。

铝具有良好的可塑性，可加工成管材、板材、薄壁空腹型材，还可以压延成极薄的铝箔，并具有极高的光、热反射比，但铝的强度和硬度较低，不能作为结构材料使用。

### （二）铝合金的特性与分类

铝的强度很低，为了提高铝的实用价值，在纯铝中加入铜、镁、锭、锌、硅、铭等合金元素可制成铝合金。铝合金有防锈铝合金、硬铝合金、超硬铝合金、锻铝合金、铸铝合金。铝加入合金元素既保持了铝质量轻、耐腐蚀、易加工的特点，同时也提高了力学性能，屈服强度可达 210~500 MPa，抗拉强度可达 380~550 MPa，比强度较高，是一种典型的轻质高强材料。铝合金延伸性好，硬度低，可锯可刨，可通过热轧、冷轧、冲压、挤压、弯曲、卷边等加工，制成不同尺寸、不同形状和截面的型材。

铝合金进行着色处理（氧化着色或电解着色），可获得不同的色彩，常见的有青铜、棕、金等色。还有化学涂膜法，用特殊的树脂涂料，在铝材表面形成稳定、牢固的薄膜，起着色和保护作用。

### （三）铝合金装饰板材

用于装饰工程的铝合金板材，其品种和规格很多，通常有银白色、古铜色、金色、红色、蓝色、灰色等多种颜色。一般常用于厨房、浴室、卫生间顶棚的吊顶和家具、操作台以及玻璃幕墙饰面等处的装饰装修。在现代建筑中，常用的铝合金制品有铝合金门窗，铝合金装饰板及吊顶，铝及铝合金波纹板、压型板、铝箔等，具有承重、耐用、装饰、保温、隔热等优良性能。

#### 1. 铝合金装饰板

铝合金装饰板属于现代较为流行的建筑装饰板材，具有质量轻、不燃烧、耐久性好、施工方便、装饰效果好等优点。装饰工程中主要使用了铝合金花纹板及浅花纹板、铝合金压型板、铝合金穿孔板等铝合金装饰板。

①铝合金花纹板及浅花纹板：铝合金花纹板是采用防锈铝合金坯料，用特殊花纹的轧辊轧制而成。花纹美观大方，筋高适中，不易磨损，防滑性好，耐腐蚀性强，便于冲洗，通过表面处理可以获得各种颜色。花纹板板材平整，裁剪尺寸精确，便于安装，常用于现代建筑的墙面装饰以及楼梯踏步处。

以冷作硬化后的铝材为基础，表面加以浅花纹处理后得到的装饰板，称为铝合金浅花纹板。铝合金浅花纹板是优良的建筑装饰材料之一，其花纹精巧别致，色泽美观大方，同普通铝合金相比，刚度高出20%，抗污垢、抗划伤、抗擦伤能力均有所提高，尤其是增加了立体图案和美丽的色彩，是我国特有的建筑装饰产品。

②铝合金压型板：铝合金压型板质量轻、外形美、耐腐蚀好，经久耐用，安装容易，施工快速，经表面处理可得到各种优美的色彩，是现代广泛应用的一种新型建筑装饰材料。主要用于墙面装饰，也可用作屋面，用于屋面时，一般采用强度高、耐腐蚀性好的防锈铝制成。

③铝合金穿孔板：铝合金穿孔板是用各种铝合金平板经机械穿孔而成。孔型根据需要有圆孔、方孔、长圆孔、三角孔等。这是近年来开发的一种降低噪声并兼有装饰效果的新产品。铝合金穿孔板材质量轻、耐高温、耐高压、耐腐蚀、防火、防潮、防震，化学稳定性好，造型美观，色泽幽雅，立体感强，可用于宾馆、饭店、影院等公共建筑中，也可用于各类车间厂房、机房等作为减噪材料。

**2. 铝箔**

铝箔是用纯铝或铝合金加工成的 0.002 0~0.006 3 mm 薄片制品，具有良好的防潮、绝热和电磁屏蔽的作用。建筑上常用铝箔布、铝箔泡沫塑料板、铝箔波形板以及铝箔牛皮纸等。铝箔牛皮纸多用作绝热材料，铝箔布多用在寒冷地区做保温窗帘、炎热地区做隔热窗帘以及太阳房和农业温室中做活动隔热屏。铝箔泡沫塑料板、铝箔波形板，其强度较高、刚度较好，常用于室内或者设备中，起装饰作用。

铝箔用在围护结构外表面，在炎热地区可以反射大部分太阳辐射能，产生"冷房效应"，在寒冷地区可减少室内向室外散热损失，提高墙体保温能力。

①铝合金墙板：以防锈铝合金为基材，用氟炭液体涂料进行表面喷涂，经高温处理后制得。可用于现代办公楼、商场、车站、会堂、机场等公共场所的外墙装饰。

②铝塑板：将表面经过氟化乙烯树脂处理过的铝片，用黏结剂覆贴到

聚乙烯板上制得，具有耐腐性、耐污性和耐候性较好的特点，有红、黄、蓝、白、灰等板面色彩，装饰效果好，施工时可弯折、截割，加工灵活方便。与铝合金板比，具有质量小、施工简便、造价低等特点。

# 第四节　建筑玻璃

玻璃是以石英砂、纯碱、长石和石灰石等为主要原料，经熔融成型、冷却固化而成的无机材料，是一种透明的无定形硅酸盐固体物质。

玻璃是一种典型的脆性材料，其抗压强度高，一般为600~1 200 MPa，抗拉强度很小，为40~80 MPa，故玻璃在冲击作用下易破碎。脆性是玻璃的主要缺点。玻璃具有特别良好的透明性和透光性，透明性用透光率表示，透光率越大，其透明性越好。透明性与玻璃的化学成分及厚度有关。质量好的2 mm厚的窗用玻璃，其透光率可达90%，所以广泛用于建筑采光和装饰，也可用于光学仪器和日用器皿。

玻璃的导热系数较低，普通玻璃耐急冷急热性差。

玻璃具有较高的化学稳定性，通常情况下对水、酸以及化学试剂或气体具有较强的抵抗能力，能抵抗除氢氟酸以外的各种酸类的侵蚀。但碱液和金属碳酸盐能溶蚀玻璃。

## 一、常用的玻璃

### （一）普通平板玻璃

普通平板玻璃是指未经加工的平板玻璃制品，也称白片玻璃或净片玻璃，是建筑玻璃中用量最大的一种。其主要用于普通建筑的门窗，起透光、挡风雨、保温和隔音等作用，同时也是深加工为具有特殊功能玻璃的基础材料。

**1. 平板玻璃的规格**

按照《平板玻璃》（GB 11614—2022）规定，平板玻璃按颜色分为无色透明平板玻璃和本体着色平板玻璃；按外观质量分为合格品、一等品和优等品；按公称厚度分为 2 mm、3 mm、4 mm、5 mm、6 mm、8 mm、10 mm、12 mm、15 mm、19 mm、22 mm、25 mm。

**2. 平板玻璃的允许偏差**

平板玻璃的尺寸偏差、厚度偏差和厚薄差规定见表 4-10、表 4-11。

表 4-10　平板玻璃尺寸偏差　　　　　　　　mm

| 公称厚度 | 尺寸偏差 | |
|---|---|---|
| | 尺寸 ≤ 3 000 | 尺寸 >3 000 |
| 2~6 | ±2 | ±3 |
| 8~10 | +2, -3 | +3, -4 |
| 12~15 | ±3 | ±4 |
| 19~25 | ±5 | ±5 |

表 4-11　厚度偏差和厚薄差　　　　　　　　mm

| 公称厚度 | 厚度偏差 | 厚薄差 |
|---|---|---|
| 2~6 | ±0.2 | 0.2 |
| 8~12 | ±0.3 | 0.3 |
| 15 | ±0.5 | 0.5 |
| 19 | ±0.7 | 0.7 |
| 22~25 | ±1.0 | 1.0 |

**3. 平板玻璃的质量标准**

平板玻璃优等品、一等品、合格品的外观质量要求见《平板玻璃》（GB 11614—2022）的规定。

**4. 运输与存放**

平板玻璃属于易碎品，在运输时，箱头朝向车辆运动方向，防止箱倾倒滑动。运输和装卸时箱盖朝上，垂直立放，不得倒放或斜放，并应有防雨措施。

玻璃应入库或入棚保管，并在干燥通风的库房中存放，防止发霉。玻璃发霉后产生彩色花斑，大大降低了光线的透射率。

平板玻璃的特点和用途见表4-12。

表4-12 平板玻璃的特点和用途

| 品种 | 工艺过程 | 特点 | 用途 |
|------|---------|------|------|
| 普通窗用玻璃 | 未经研磨加工 | 透明度好，板面平整 | 用于建筑门窗装配 |
| 磨砂玻璃 | 用机械喷砂和研磨方法处理 | 表面粗糙，使光产生漫射，有透光不透视的特点 | 用于卫生间、厕所、浴室的门窗 |
| 压花玻璃 | 在玻璃硬化前用刻纹的滚筒 | 折射光线不规则透光不透视 | 用于宾馆、办公楼、会议室的门窗 |
| | 面压出花纹 | 有使用功能又有装饰功能 | |
| 透明彩色玻璃 | 在玻璃的原料中加入金属氧化物而带色 | 耐腐蚀、抗冲、易清洗、装饰美观 | 用于建筑物内外墙面、门窗及对光波做特殊要求的采光部位 |
| 不透明彩色玻璃 | 在一面喷以色釉，再经烘制而成 | | |
| 钢化玻璃 | 加热到一定温度后迅速冷却或用化学方法进行钢化处理的玻璃 | 强度比普通玻璃大3~5倍，抗冲击性及抗弯性好，耐酸碱侵蚀 | 用于建筑的门窗、隔墙、幕墙、汽车窗玻璃、汽车挡风玻璃、暖房 |
| 夹丝玻璃 | 将预先编好的钢丝网压入软化的玻璃中 | 破碎时，玻璃碎片附在金属网上，具有一定防火性能 | 用于厂房天窗、仓库门窗、地下采光及防火门窗 |
| 夹层玻璃 | 两片或多片平板玻璃中嵌夹透明塑料薄片，经加热而成的复合玻璃 | 透明度好，抗冲击机械强度高，碎后安全、耐火、耐热、耐湿、耐寒 | 用于汽车、飞机的挡风玻璃，防弹玻璃和有特殊要求的门窗、工厂厂房的天窗及一些水下工程 |

## （二）保温绝热玻璃

### 1. 吸热玻璃

吸热玻璃是既能吸收大量红外线辐射，又能吸收太阳的紫外线，还能保持良好光透过率的平板玻璃。吸热玻璃有灰色、茶色、蓝色、绿色等颜色。常见厚度为 3 mm、5 mm、6 mm、7 mm、8 mm 等规格。

当太阳光照射在吸热玻璃上时，相当一部分的太阳辐射能被吸热玻璃吸收（可达 70% 以上），因此，吸热玻璃可明显降低夏季室内的温度，避免由于使用普通玻璃而带来的暖房效应（即由于太阳能过多进入室内而引起室内温度升高的现象）从而降低空调费用。同时，吸热玻璃吸收可见光的能力也较强，使室内的照度降低，使刺眼的阳光变得柔和、舒适。吸热玻璃除常用的茶色、灰色、蓝色外，还有绿色、古铜色、青铜色、金色、粉红色、棕色等。

吸热玻璃在建筑工程中应用广泛，可用于既需采光又需隔热之处。如炎热地区需设置空调机避免眩光建筑物的门窗、外墙以及用作火车、汽车、轮船挡风玻璃等，起隔热、防眩光、调节空气、采光及装饰等作用。

**2. 热反射玻璃**

热反射玻璃具有较高的热反射能力，又能保持良好的透光性能，又称镀膜玻璃或镜面玻璃。热反射玻璃是在玻璃表面用热解、蒸发、化学处理等方法喷涂金、银、铜、镍、铬、铁等金属或金属氧化物薄膜而成的。热反射玻璃的颜色有金色、茶色、灰色、紫色、褐色等多种颜色。

其反射率为 30%~40%，因而常用它制成中空玻璃或夹层玻璃，以增加其绝热性能。

热反射玻璃的装饰性好，具有单向透像作用，即白天能在室内看到室外景物，而看不到室内景物，对建筑物的内部起到遮蔽和帷幕的作用。还有良好的耐磨性、耐化学腐蚀性和耐候性，高层建筑的幕墙用得较多。

**3. 中空玻璃**

中空玻璃由两片或多片平板玻璃构成，用边框隔开，四周边缘部分用密封胶密封，玻璃层间充有干燥气体或其他惰性气体。中空玻璃使用的玻璃原片有平板玻璃、吸热玻璃、热反射玻璃等。玻璃原片厚度通常为 3 mm、4 mm、5 mm、6 mm，空气层厚度一般为 6 mm、9 mm、12 mm。

中空玻璃的颜色有无色、茶色、蓝色、灰色、紫色、金色、绿色等。中空玻璃的特性是保温绝热、节能性好，隔声性能优良，一般可使噪声下降 30~40 dB，即能将街道汽车噪声降低到学校教室的安静程度；并能有效地防止结露，中空玻璃的露点很低，在通常情况下，中空玻璃接触室内高湿度空气的时候，玻璃表面温度较高，而外层玻璃虽然温度低，但接触的空气湿度也低，所以不会结露。

中空玻璃主要用于需要采暖、安装空调、防止噪声、结露及需要无直射阳光和需特殊光线的建筑物，如住宅、饭店、宾馆、办公楼、学校、医院、商店等。

绝热玻璃的特点和用途见表 4-13。

表 4-13　绝热玻璃的特点和用途

| 品种 | 工艺过程 | 特点 | 用途 |
|---|---|---|---|
| 热反射玻璃 | 在玻璃表面涂以金属氧化膜、非金属氧化膜 | 具有较高的热反射性能而又保持良好的透光性能 | 多用于制造中空玻璃或夹层玻璃 |
| 吸热玻璃 | 在玻璃中引入有着色作用的氧化物，或在玻璃表面喷涂着色氧化物 | 能吸收大量红外线辐射而又能保持良好可见光透过率 | 适用于需要隔热又需要采光的部位，如商品陈列窗、冷库、机房等 |
| 光致变色玻璃 | 在玻璃中加入卤化银，或在玻璃夹层中加入钼和钨的感光化合物 | 在太阳或其他光线照射时，玻璃的颜色随光线增强渐渐变暗，当停止照射又恢复原来颜色 | 主要用于汽车和建筑物上 |
| 中空玻璃 | 用两层或两层以上的平板玻璃，四周封严，中间充入干燥气体 | 具有良好的保温、隔热、隔声性能 | 用于需要采暖、空调、防止噪声及无直射光的建筑，广泛用于高级住宅、饭店、办公楼、学校等 |

### （三）安全玻璃

安全玻璃是指具有良好安全性能的玻璃。普通玻璃属脆性材料，当外力超过一定数值时就会破碎成为棱角尖锐的碎片，容易造成人身伤害。为减少玻璃的脆性，提高其强度，常采用物理、化学、夹层、夹丝等方法将普通玻璃加工成安全玻璃，加工后的主要特征是力学强度较高，抗冲击能力较好。被击碎时，碎块不会飞溅伤人，并兼有防火的功能。安全玻璃包括钢化玻璃、夹丝玻璃、夹层玻璃。

#### 1. 钢化玻璃

钢化玻璃又称强化玻璃，它是利用加热到一定温度后迅速冷却的方法或化学方法进行特殊钢化处理的玻璃。它的力学强度比未经钢化的玻璃要大 4~5 倍，抗冲击性能好、弹性好、热稳定性高，当玻璃破碎时，裂成圆钝的小碎片，不致伤人。钢化玻璃的厚度有 4 mm、5 mm、6 mm、8 mm、10 mm、12 mm、15 mm、19 mm 等尺寸。根据外观质量等方面的测定结果，钢化玻璃分为优等品和合格品两个等级。外观质量测定的缺陷主要有爆边、划伤、棱角、夹钳伤、结石、裂纹、波筋、气泡等。

钢化玻璃可用作高层建筑物的门窗、幕墙、隔墙、商店橱窗、架子隔板等。但是钢化玻璃不能任意切割、磨削，边角不能碰击，不能现场加工，使用时只能选择现有规格尺寸的成品，或提供具体设计图纸加工定做。

#### 2. 夹丝玻璃

夹丝玻璃也称防碎玻璃或钢丝玻璃，是预先将编织好的钢丝网压入已软化的红热玻璃中制成的。其表面可以是磨光或压花，颜色可以是透明或彩色的，抗折强度高、防火性能好，在外力作用和温度剧变时破而不散，即使有许多裂缝，其碎片仍能附着在钢丝上，不致四处飞溅而伤人。当火灾蔓延，夹丝玻璃受热炸裂时，仍能保持完整，起到隔热火焰的作用，所以也称防火玻璃。

夹丝玻璃厚度一般在 3~19 mm，根据是否有气泡、花纹变形、异物、裂纹、磨伤等外观质量方面的测定结果，分为优等品、一级品和合格品三个等级。

夹丝玻璃与普通平板玻璃相比，具有耐冲击性、耐热性好及防火性的优点，在外力作用和温度急剧变化时破而不裂、不散，且具有一定的防火性能。多用于公共建筑的阳台、楼梯、电梯间、厂房天窗、各种采光屋顶和防火门窗等。

### 3. 夹层玻璃

夹层玻璃是两片或多片平板玻璃之间嵌夹透明塑料（聚乙烯醇缩丁醛）薄衬片，经加热、加压黏合成平面或曲面的复合玻璃制品。夹层玻璃的层数有 2 层、3 层、5 层、7 层，最多可达 9 层。根据是否有胶合层气泡、胶合层杂质、裂痕、爆边等外观质量方面的测定结果，分为优等品和合格品两个等级。夹层玻璃具有较高的强度，受到破坏时产生辐射状或同心圆裂纹和少量玻璃碎屑，碎片仍黏结在膜片上，不会伤人，同时不影响透明度，不产生折光现象。它还具有耐久、耐热、耐湿、耐寒和隔音等性能，主要用于有特殊安全要求的门窗、隔墙、工业厂房的天窗以及某些水下工程等。

## （四）装饰玻璃

### 1. 压花玻璃

压花玻璃是将熔融的玻璃液在冷却过程中，通过带图案的花纹相轴连续对辐压延而成的。可一面压花，也可两面压花。其颜色有浅黄色、浅蓝色、橄榄色等。喷涂处理后的压花玻璃，一方面立体感强，可增强图案花纹的艺术装饰效果，另一方面强度可提高 50%~70%。具有透光不透视、艺术装饰效果好等特点，常用于办公室、会议室、浴室、卫生间等的门窗和隔断，安装时应将花纹朝向室内。

### 2. 有色玻璃

有色玻璃又称颜色玻璃、彩色玻璃，分透明和不透明两种。透明颜色玻璃是在原料中加入着色金属氧化物使玻璃带色。不透明颜色玻璃是在一定形状的玻璃表面，喷以色釉，经过烘烤而成。它具有耐腐蚀、抗冲刷、易清洗并可拼成图案、花纹等特点，适用于门窗及对光有特殊要求的采光部位和装饰内外墙面之用。

不透明颜色玻璃也叫饰面玻璃。经退火处理的饰面玻璃可以裁切；经钢化处理的饰面玻璃不能进行裁切等再加工。

### 3. 磨砂玻璃

磨砂玻璃是一种毛玻璃，是用硅砂、金刚石、石榴石粉等研磨材料加水采用机械喷砂、手工研磨或氢氟酸溶蚀等方法，把普通玻璃表面处理成均匀毛面而成的。它具有透光不透视，使室内光线不炫目、不刺眼的特点。多用于建筑物的卫生间、浴室、办公室等的门窗及隔断。

## 二、常用玻璃制品的应用

### （一）玻璃空心砖

玻璃空心砖一般是由两块压铸成凹形的玻璃经熔结或胶结成整块的空心砖，砖面可为光滑平面，也可在内外压铸多种花纹。砖内腔可为空气，也可填充玻璃棉等。

玻璃空心砖一般厚度为 20~160 mm，短边长度为 1 200 mm、800 mm及 600 mm。玻璃空心砖具有透光不透视，抗压强度较高，保温隔热性、隔声性、防火性、装饰性好等特点，可用来砌筑透光墙壁、隔断、门厅、通道等。

## （二）玻璃马赛克

玻璃马赛克又称玻璃锦砖或锦玻璃，是一种小规格的饰面玻璃。其颜色有红、黄、蓝、白、黑等多种。玻璃马赛克具有色调柔和、美观大方、化学稳定性好、冷热稳定性好、不变色、易清洗、便于施工等优点，适用于宾馆、医院、办公楼、礼堂、住宅等建筑的内外墙饰面。

## （三）光栅玻璃

光栅玻璃有两种：一种是以普通平板玻璃为基材；另一种是以钢化玻璃为基材。前一种主要用于墙面、窗户、顶棚等部位的装饰。后一种主要用于地面装饰。此外，也有专门用于柱面装饰的曲面光栅玻璃、专门用于大面积幕墙的夹层光栅玻璃、光栅玻璃砖等产品。光栅玻璃的主要特点是具有优良的抗老化性能。

## （四）玻璃幕墙

玻璃幕墙是现代建筑的重要组成部分，是以铝合金型材为边框，玻璃为内外复面，其中填充绝热材料的复合墙体。目前，玻璃幕墙所采用的玻璃已由浮法玻璃、钢化玻璃等较为单一品种，发展到吸热玻璃、热反射玻璃、中空玻璃、夹层玻璃、釉面钢化玻璃等。其优点是轻质、绝热、隔声性好、可光控以及具有单向透视以及装饰性能好等特点。在玻璃幕墙中大量采用热反射玻璃，将建筑物周围景物及蓝天、白云等自然现象都反映到建筑物表面，使建筑物外表情景交融、层层交错，产生变幻莫测的感觉。近看景物丰富，远看又有熠熠生辉、光彩照人的效果。使用玻璃幕墙代替不透明的墙壁，使建筑物具有现代化气息，更具有轻快感和机能美，营造一种积极向上的空间气息。

玻璃制品的特点和用途见表4-14。

表 4-14　玻璃制品的特点和用途

| 品种 | 工艺过程 | 特点 | 用途 |
|------|---------|------|------|
| 玻璃空心砖 | 由两块压铸成凹形的玻璃经熔接或胶结而成的空心玻璃制品 | 具有较高的强度、绝热隔声、透明度高、耐火等优点 | 用来砌筑透光的内外墙壁、分隔墙、地下室、采光舞厅地面及装有灯光设备的音乐舞台等 |
| 玻璃马赛克 | 由乳浊状透明玻璃质材料制成的小尺寸玻璃制品拼贴于纸上成联 | 具有色彩柔和、朴实典雅、美观大方、化学稳定性好、热稳定性好，易洗涤等特点 | 适于宾馆、医院、办公楼、住宅等外墙饰面 |

# 第五节　装饰面砖

我国建筑陶瓷源远流长，自古以来就作为建筑物的优良装饰材料之一。传统的陶瓷产品如日用陶瓷、建筑陶瓷、卫生陶瓷都是以黏土类及其他天然矿物为主要原料经过坯料制备、成型、焙烧等过程得到的产品。

## 一、陶瓷分类

按原料和烧制温度不同陶瓷制品可分为陶质、瓷质和炻质三大类，是以黏土为主要原料，经配料、制坯、干燥和焙烧制得的制品。

### （一）陶质制品

陶质制品烧结程度相对较低，为多孔结构，通常吸水率较大（10%~22%）强度较低、抗冻性较差、断面粗糙无光、不透明、敲击时声粗哑，分无釉和施釉两种制品，适于室内使用。

根据原料杂质含量不同，陶器可分为粗陶和精陶。粗陶一般以含杂质较多的砂黏土为原料，表面不施釉，如黏土砖、瓦等。精陶是以可塑性黏土、长石为原料，经素烧和釉烧而成。坯体呈白色或象牙色，如釉面内墙砖和卫生陶瓷等。

## （二）瓷质制品

瓷质制品烧结程度高，结构致密，断面细致并有光泽，强度高，坚硬耐磨，基本上不吸水（吸水率 <1%），有一定的半透明性，通常施有釉层。日用餐具、茶具等多为瓷质制品。

## （三）炻质制品

炻质制品介于两者之间，其构造比陶质致密，吸水率较低（1%~10%），但又不如瓷器洁白，其坯体多带有颜色，且无半透明性。可采用质量较差的黏土烧成，成本较低。

饰面烧结制品与坯体性质之间的关系见表 4-15。

表 4-15　饰面烧结制品与坯体性质之间的关系

| 坯体种类 | | 颜色 | 质地 | 烧结程度 | 吸水率/% | 饰面烧结制品种类 |
|---|---|---|---|---|---|---|
| 陶器 | 粗陶 | 有色 | 细腻坚硬 | 高 | >10 | 砖、瓦、陶管、盆 |
| | 精陶 | 白色或象牙色 | 多孔坚硬 | 较低 | >10 | 釉面砖、琉璃制品、日用陶瓷、美术陶瓷 |
| 炻器 | 粗炻器 | 有色 | 致密坚硬 | 较充分 | 4~8 | 外墙地砖、地砖 |
| | 精炻器 | 白色 | | | 1~3 | 外墙地砖、地砖、锦砖 |
| 瓷器 | | 白色、半透明 | 致密坚硬 | 充分 | <1 | 锦砖、茶具、美术陈列品 |

# 二、釉面砖的检测与应用

釉面内墙砖简称内墙砖或瓷砖，以烧结后成白色的耐火黏土、叶蜡石或高岭土等为原材料制成坯体，面层为釉料，经高温烧结而成，属多孔精陶类。其多用于建筑物内部的墙面装饰。

## （一）釉面砖的品种和特点

釉面砖的种类极其丰富，主要含有单色、彩色、印花和图案砖等品种。釉面砖正面施釉，背面吸水率高且有凹槽纹，利于粘贴。正面所施釉料品种很多，有白色釉、彩色釉、结晶釉等。其品种与特点见表 4-16。

表 4-16　釉面砖的品种与特点

| 种类 | | 代号 | 特点 |
|---|---|---|---|
| 白色釉面砖 | | FJ | 色纯白，釉面光亮，简洁大方 |
| 彩色釉面砖 | 有光彩色釉面砖 | YG | 釉面光亮晶莹，色彩丰富雅致 |
| | 无光彩色釉面砖 | SHG | 釉面半无光，不晃眼，色泽一致柔和 |
| 装饰釉面砖 | 华釉砖 | HY | 在同一砖上施以多种彩釉，经高温烧成；色釉互相渗透，花纹千姿百态，装饰效果好 |
| | 结晶釉面砖 | JJ | 晶化辉映，纹理多姿 |
| | 斑纹釉面砖 | BW | 斑纹釉面，丰富多彩 |
| | 理石釉面砖 | LSH | 具有天然大理石花纹，颜色丰富 |
| 图案砖 | 白地图案砖 | BT | 在白色釉面砖上装饰各种图案，经高温烧成，纹样清晰，优美 |
| | 色地图案砖 | SHGT | 在有光或无光彩色釉砖上装饰各种图案，经高温烧成，产生浮雕等效果 |
| 字画釉面砖 | | — | 以各种釉面砖拼接成各种瓷砖字画，或根据已有画稿烧制成釉面砖，色彩丰富，永不褪色 |

## （二）釉面砖的形状和规格

### 1. 釉面砖的外观质量

釉面砖按釉面颜色分为单色（包括白色）、花色和图案色三种。按正面形状分为正方形、长方形和异型配件砖三类。为增强与基层的黏结力，釉面砖的背面均有凹槽纹，背纹深度一般不小于 0.2 mm。釉面砖的规格尺寸很多，有 300 mm×200 mm×5 mm、150 mm×150 mm×5 mm、100 mm×100 mm×5 mm、300 mm×150 mm×5 mm 等。异型配件砖的外形及规格尺寸更多，可根据需要选配。

### 2. 釉面砖的主要技术性能

釉面砖的主要技术性能应符合《釉面内墙砖》的有关规定，主要包括以下几方面。

①尺寸偏差。通常要求在 0.5 mm 以内。

②外观质量。釉面砖根据表面缺陷、色差、平整度、边直度和直角度、白度等分为优等品、一级品和合格品，其外观质量规定见表 4-17。

表 4-17 釉面内墙砖表面缺陷允许范围

| 缺陷名称 | 优等品 | 一等品 | 合格品 |
|---|---|---|---|
| 开裂、夹层、釉裂 | 不允许 | | |
| 背面磕碰 | 深度为砖厚的 1/2 | 不影响使用 | |
| 剥边、落脏、釉泡、斑点、坯粉釉缕、波纹、缺釉、棕眼裂纹、图案缺陷、正面磕碰 | 距离砖面 1 m 处目测无可见缺陷 | 距离砖面 2 m 处目测缺陷不明显 | 距离砖面 3 m 处目测缺陷不明显 |

③物理力学性能。釉面砖的物理力学性能主要包括：吸水率不大于21%；弯曲强度不小于 16 MPa；当厚度大于或等于 7.5 mm 时，弯曲强度应不小于 13 MPa；经急冷急热试验和抗龟裂试验后，釉面不应出现裂纹。

### （三）瓷砖好坏的鉴别

瓷砖好坏的鉴别一般通过看、掂、听、拼、试 5 个步骤。

**1.看**

看主要是看瓷砖表面是否有黑点、气泡、针孔、裂纹、划痕、色斑、缺边、缺角，查看底坯商标标记，正规厂家生产的产品底坯上都有清晰的产品商标标记。

**2.掂**

掂就是掂分量，试瓷砖的手感，同一规格产品、质量好、密度高的瓷砖手感都比较沉；反之，质轻的产品手感较轻。

**3.听**

通过敲击瓷砖，听声音来鉴别瓷砖的好坏。墙砖或者小规格瓷砖，一般是用一只手五指分开，托起瓷砖，另一只手敲击瓷砖面部，如果发出的声音有金属质感，则瓷砖的质量较好。对于大瓷砖，可用一只手提起瓷砖的一边，用另一只手的手心上部敲击瓷砖的中间，如果发出的声音浑厚，且回音绵长如敲击铜钟之声，则瓷砖的瓷化程度较高，耐磨性强、抗折强度高、吸水率低，不易受污染。

4. 拼

将相同规格型号的产品随意取出 4 片进行拼铺，检查瓷砖的尺寸、平整度和直角度。

检查瓷砖的尺寸时，取出两片同样型号的产品置于水平面上，用两手的手尖部位来回地沿瓷砖的边缘部位滑动，如果在经过瓷砖的接封处时没有明显的滞手感觉，则说明瓷砖的尺寸比较好。

检查瓷砖的平整度时，将 2 片或者 4 片相同型号的瓷砖，按照相同的纹路拼铺在一水平面上，用手在砖面上来回地滑动，经过瓷砖的接缝部位时没有明显的高低感，则说明瓷砖的平整度高。

检查瓷砖的直角度时，取 4 片相同型号的瓷砖进行拼接，如果出现 4 片砖不能接缝紧密，总是一条或者两条接缝出现缝隙，则说明瓷砖的直角度不是特别高。

5. 试

这一步骤主要是针对地砖的防滑问题。在砖面上加水、不加水，然后再在上面踩试，看是否防滑。

## （四）釉面砖的应用

因其釉面光泽度好，装饰手法丰富，色彩鲜艳、易于清洁，防火、防水、耐磨、耐腐蚀，被广泛用于建筑内墙装饰，成为厨房、卫生间不可替代的装饰和维护材料。

釉面砖一般不宜用于室外，因为釉面砖为多孔坯体，坯体吸水率较大，吸水后将产生湿涨现象，而面层釉料吸水率较小，当坯体吸水后产生的膨胀应力大于釉面抗拉强度时，会导致釉面层的开裂或剥落，严重影响装饰效果。

釉面砖在粘贴前通常要求浸水 2 h 以上，浸泡至不冒泡为止，取出晾干至表面干燥，才可进行粘贴。否则，干坯将吸走水泥砂浆中的大量水分，影响水泥砂浆的凝结硬化，降低黏结强度，造成空鼓、脱落等现象。通常在水泥砂浆中掺入一定量的建筑胶水，以改善水泥砂浆的和易性、延缓凝结时间、提高铺贴质量、提高与基层的黏结强度。

## 三、墙地砖的检测与应用

墙地砖包括建筑外墙装饰贴面砖和室内外地面装饰砖，它们均属于炻器材料。由于这类材料可墙、地两用，故称为墙地砖。

墙地砖以优质陶土为原料，经半干压成型后在 1 100 ℃ 左右焙烧而成。墙地砖具有强度高、致密坚实、耐磨、吸水率小、抗冻、耐污染、易清洗、耐腐蚀、经久耐用等特点。

### （一）墙地砖类别

墙地砖按表面是否施釉分为彩色釉面陶瓷地砖和无釉陶瓷墙地砖两类。

#### 1.彩色釉面陶瓷墙地砖

彩色釉面陶瓷墙地砖是指适用于建筑物墙面、地面装饰用的彩色釉面陶瓷墙地砖，简称彩釉砖，是以陶土为主要原料，配料制浆后，经半干压成型、施釉、高温焙烧制成的饰面陶瓷。

#### 2.无釉陶瓷墙地砖

无釉陶瓷墙地砖简称无釉砖，是以优质瓷土为主要原料的基料加着色喷雾料经混合、冲压、烧制所得的制品，是专用于铺地的耐磨炻质无釉砖。

## （二）墙地砖的主要性能指标

墙地砖的表面质感可以通过配料和制作工艺制成平面、麻面、毛面、磨面、抛光面、纹点面、仿花岗石面、压花浮雕面、无光釉面、金属光泽面、防滑面和耐磨面等，且均可通过着色颜料制成各种色彩。

### 1.产品等级和规格

通常按表面质量和变形允许偏差分为优等品、一级品和合格品等。规格尺寸很多，可根据要求选用。

### 2.外观质量

墙地砖的外观质量主要包括表面缺陷、色差、平整度、边直度和直角度等。同时在产品的侧面和背面不允许有妨碍黏结的明显附着釉及其他缺陷。尺寸偏差应符合标准的规定，且背纹深度一般不小于 0.5 mm。表面质量要求见表 4-18。

表 4-18　彩色釉面砖陶瓷墙地砖的表面质量要求

| 缺陷名称 | 优等品 | 一等品 | 合格品 |
|---|---|---|---|
| 缺釉、成点、裂纹、落脏、棕眼、溶洞、釉缕、釉泡、开裂、波纹 | 距砖面 1 m 处目测，有可见缺陷的砖数不超过 5% | 距砖面 2 m 处目测，有可见缺陷砖数不超过 5% | 距砖面 3 m 处目测，缺陷不明显 |
| 色差 | 距砖面 3 m 目测不明显 | | |
| 分层（坯体里的夹层或上下分离现象） | 不允许 | | |

### 3.物理力学性能

①吸水率：无釉面墙地砖吸水率 3%~6%，彩釉墙地砖不宜大于 10%。吸水率越小，抗变形能力和抗冻性越好，寒冷地区应选用吸水率较低的产品。

②耐急冷急热性：经 3 次急冷急热循环不出现裂纹或炸裂。

③抗冻性：经 20 次冻融循环不出现破裂、剥落或裂纹。

④抗弯强度：平均值不低于 24.5 MPa。

⑤耐磨性：仅指地砖，根据釉面出现可见磨损时的研磨转数，将墙地砖分为Ⅰ类（<150 r）、Ⅱ类（300~600 r）、Ⅲ类（750~1 500 r）、Ⅳ类（>1 500 r）四个级别。

⑥耐化学腐蚀性：根据耐酸和耐腐蚀试验，分为 AA，A，B，C，D 共 5 个等级。

### （三）新型墙地砖

新型墙地砖主要有劈离砖、彩胎砖、麻面砖、金属光泽釉面砖、玻化砖、陶瓷艺术砖、大型陶瓷装饰面板等。

### （四）墙地砖的特性和应用

墙地砖质地较致密，强度高、吸水率小、热稳定性好、耐磨性和抗冻性均较好，主要用于室内外地面装饰和外墙装饰。用于室外铺装的墙地砖吸水率一般不宜大于 6%，严寒地区，吸水率应更小。

墙地砖通过垂直或水平、错缝或齐缝、宽缝或密缝等不同排列组合，可获得各种不同的装饰效果。

## 四、陶瓷锦砖的检测与应用

陶瓷锦砖又称马赛克（Mosaic），是用优质陶土烧制的边长不大于 50 mm 的片状小瓷砖，可施釉或不施釉。它是普通锦砖陶瓷中烧结程度最高的材料，质地致密，属于瓷质材料。陶瓷锦砖烧结过程中的变形大，通常只能制成小尺寸产品，直接粘贴很困难，故需预先反贴在牛皮纸上，故又称纸皮砖，所形成的一张张的产品，称为"联"，每 40 联为一箱。

### （一）陶瓷锦砖的品种和规格

陶瓷锦砖按表面性质分为有釉、无釉两种；按砖联分为单色、混色和拼花三种。单块砖边长不大于 95 mm，表面积不大于 55 cm²；砖联分正方形、长方形和其他形状。

### （二）陶瓷锦砖的特点与应用

陶瓷锦砖的基本特点是质地坚硬、色泽美观、图案多样，而且耐酸、耐碱、耐磨、耐水、耐压、耐冲击。另外，由于陶瓷锦砖在材质、颜色方面可选择种类多，可拼接图案相当丰富，只要设计得当，就可以创作出不俗的视觉效果产品，在建筑物的内、外装饰工程中获得广泛的应用。陶瓷锦砖具有不渗水、不吸水、易清洗、防滑等特点，特别适合湿滑环境的地面铺设，如浴室、厨房、餐厅、化验室等地面。还可拼接成风景名胜和花鸟动物图案的壁画，形成别具风格的锦砖壁画艺术，其装饰性和艺术性均较好，且可增强建筑物的耐久性。

# 第六节　人造石材

用人工方法加工制造的具有天然石材花纹和纹理的合成石材，称为人造石材。以人造大理石、人造花岗岩和水磨石最多。人造石材具有天然石材的花纹和质感，美观、大方、仿真效果好，具有很好的装饰性，并且具有质量轻、强度高、耐腐蚀、耐污染、施工方便、良好的可加工性等优点，因而得到了广泛的应用。人造石材的缺点是色泽、纹理不及天然石材自然、柔和。

## 一、人造石材的类型

应用不同配方、品种繁多的添加剂，使人造石材的性能日趋完善。胶黏剂不局限于聚合物（如不饱和聚酯树脂、环氧化合物），也可用无机胶黏剂（如水泥、石灰等硅酸盐），骨料也从大理石、方解石、石英砂发展到利用工业废渣（如高炉废渣、铜渣、镍渣、废玻璃等）。

按照人造石材生产所用原料，可分为以下四类。

## （一）树脂型人造石材

树脂型人造石材是以不饱和聚酯树脂为胶黏剂，与天然大理碎石、石英砂、方解石、石粉或其他无机填料按一定的比例配合，再加入催化剂、固化剂、颜料等外加剂，经混合搅拌、固化成型、脱模烘干、表面抛光等工序加工而成。

## （二）水泥型人造石材

它是以水泥为胶黏剂，砂为细集料，碎大理石、花岗岩、工业废渣等为粗集料，必要时再加入适量的耐碱颜料，经配料、搅拌、成型和养护硬化后再磨平抛光而制成。这种人造石材表面光洁度高、花纹耐久、抗风化、耐久性均较好。按其使用部位不同可分为墙面柱面水磨石（Q）、地面、楼面水磨石（D），踢脚板、立板和三角板类水磨石（T），隔断板、窗台板、台面板类水磨石（C）；按制品表面加工程度分为磨面水磨石（M）和抛光面水磨石（P）。水磨石的常用规格尺寸为 300 mm×300 mm、305 mm×305 mm、400 mm×400 mm、500 mm×500 mm，其他规格尺寸由供需双方商定。水磨石按其外观质量、尺寸偏差和物理力学性能分为优等品（A）、一等品（B）、合格品（C）。

## （三）复合型人造石材

该类人造石材的胶黏剂中既有无机材料，又有高分子材料。它是先用无机胶凝材料将碎石和石粉等集料胶结成型并硬化后，再将硬化体浸渍于有机体中，使其在特定条件下聚合而成。若为板材，其底层就用廉价而性能稳定的无机材料制成，而面层则采用聚酯和大理石粉制作。如在廉价的水泥型板材表层复合聚酯型薄层，组成复合型板材，以获得最佳的装饰效果和经济指标；也可先将无机填料用无机胶黏剂胶结成型、养护后，再将坯体浸渍于具有聚合性能的有机单体中加以聚合，以提高制品的性能和档次。复合型人造石材既有树脂型人造大理石的外在质量，又有水泥型人造大理石成本低的特点，是工程中较受欢迎的贴面人造石材。

### （四）烧结型人造石材

烧结型人造装饰石材的生产方法与陶瓷工艺相似，这种人造石材是把斜长石、石英、辉石石粉和赤铁矿以及高岭土等混合成矿粉，再配以 40% 左右的黏土混合制成泥浆，经制坯、成型和艺术加工后，再经 1 000 ℃ 左右的高温焙烧而成，如仿花岗岩瓷砖、仿大理石陶瓷艺术板等。这种人造石材因采用高温焙烧，所以能耗大，造价较高，实际应用较少。

## 二、人造石材的性能与应用

在以上四类人造石材中，树脂型人造石材是目前国内外使用较多的一种人造石材，其主要性能如下：

第一，色彩花纹仿真性强，其质感和装饰效果可以和天然石材媲美。

第二，质量轻，强度高，不易碎，便于粘贴施工和降低建筑物结构的自重。

第三，具有良好的耐酸性、耐腐蚀性和抗污染性。

第四，可加工性好，比天然石材易于锯切、钻孔，便于安装施工。成本很低，一般只有天然石材的 10%~20%。

第五，易老化，树脂型人造石材由于采用了有机胶黏料，在大气中长期受到光、热、氧、水分等综合作用后，会逐渐产生老化，使表面褪色、失去光泽而降低装饰效果。

目前树脂型人造石材主要用于室内的装饰与装修，如厨房、厕所等台面。

# 第五章 绿色建筑材料及选择

建筑是由建筑材料构成的。因此，在建筑设计中，建筑材料的选择也是很重要的一个内容。绿色建筑所使用的往往是绿色建筑材料。绿色建筑材料环保、节能、舒适、多功能，因而近年来越来越受到人们的关注，它也势必朝着一个更好的方向发展。本章就主要对绿色建筑材料的相关问题进行阐释。

## 第一节 绿色建筑材料的内涵

### 一、绿色建筑材料的含义

绿色建筑材料就是指健康型、环保型、安全型的建筑材料，在国际上也称为"健康建材""环保建材"或"生态建材"。从广义上讲，它不是一种独特的建材产品，而是对建材"健康、环保、安全"等属性的一种要求，对原材料生产、加工、施工、使用及废弃物处理等环节，贯彻环保意识及实施环保技术，达到环保要求。

绿色材料的概念于 1988 年在第一届国际材料科学研究会上首次被提出。1992 年，国际学术界给绿色材料定义为：在原料采取、产品制造、应用过程和使用以后的再生循环利用等环节中对地球环境负荷最小和对人类身体健康无害的材料。

在我国，1999 年召开的首届全国绿色建材发展与应用研讨会明确提出了绿色建材的定义，即采用清洁生产技术，不用或少用天然资源和能源，大量使用工农业或城市固态废弃物生产的无毒害、无污染、无放射性，达到使用周期后可回收利用，有利于环境保护和人体健康的建筑材料。这一定义的确定，有力地推动了我国绿色建材产业的健康、可持续发展。不过，从现状看，国内对它的应用并不是很广泛，还需要在此方面做出较大的努力。

## 二、绿色建筑材料的特征

传统建筑材料的制造、使用以及最终的循环利用过程都产生了污染，破坏了人居环境和浪费了大量能源。与传统建材相比，绿色建筑材料具有以下一些鲜明的特点。

（1）绿色建筑材料是以相对低的资源和能源消耗、环境污染作为代价，生产出高性能的建筑材料。

（2）绿色建筑材料的生产尽可能少用天然资源，大量使用尾矿、废渣、垃圾等废弃物。

（3）绿色建筑材料采用低能耗和无污染的生产技术、生产设备。

（4）在产品生产过程中，不使用甲醛、卤化物溶剂或芳香族碳氢化合物；产品中不含汞、铅、铬和镉等重金属及其化合物。

（5）绿色建筑材料以改善生产环境、提高生活质量为宗旨，产品多功能化，如抗菌、灭菌、防毒、除臭、隔热、阻燃、防火等。

（6）产品可循环或回收及再利用，不产生污染环境的废弃物。

（7）绿色建筑材料能够大幅度地减少建筑能耗。

从上述可见，绿色建筑材料既满足了人们对健康、安全、舒适、美观的居住环境的需要，又没有损害子孙后代对环境和资源的更大需求，做到了经济社会的发展与生态环境效益的统一，当前利益与长远利益的结合。

# 三、绿色建筑材料的类型

根据绿色建筑材料的基本概念与特征，国际上将绿色建筑材料分为以下几类。

## （一）基本型建筑材料

一般能满足使用性能要求和对人体健康没有危害的建筑材料就被称为基本型建筑材料。这种建筑材料在生产及配置过程中，不会超标使用对人体有害的化学物质，产品中也不含有过量的有害物质，如甲醛、氮气和挥发性有机物等。

## （二）节能型建筑材料

节能型建筑材料是指在生产过程中对传统能源和资源消耗明显小的建筑材料，如聚苯乙烯泡沫塑料板、膨胀珍珠岩防火板、海泡石、镀膜低辐射玻璃、聚乙烯管道等。如果能够节省能源和资源，那么人类使用有限的能源和资源的时间就会延长，这对于人类及生态环境来说都是非常有贡献意义的，也非常符合可持续发展的要求。节能型建筑材料可以降低能源和资源消耗，也就降低了危害生态环境的污染物产生量，这又能减少治理的工作量。生产这种建筑材料通常会采用免烧或者低温合成，以及提高热效率、降低热损失和充分利用原料等新工艺、新技术和新型设备。

## （三）环保型建筑材料

环保型建筑材料是指在建材行业中利用新工艺、新技术，对其他工业生产的废弃物或者经过无害化处理的人类生活垃圾加以利用而生产出的建筑材料。例如，使用电厂粉煤灰等工业废弃物生产墙体材料，使用工业废渣或者生活垃圾生产水泥等。环保型乳胶漆、环保型油漆等化学合成材料，甲醛释放量较低、达到国家标准的大芯板、胶合板、纤维板等也都是环保型的建筑材料。近年来，一种新的环保型、生态型的道路材料——透水地坪也越来越多地被应用。

### （四）安全舒适型建筑材料

安全舒适型建筑材料是指具有轻质、高强、防水、防火、隔热、隔声、保温、调温、调光、无毒、无害等性能的建筑材料。这类建筑材料与传统建筑材料有很大的不同，它不再只重视建筑结构和装饰性能，还会充分考虑安全舒适性。所以，这类建筑材料非常适用于室内装饰装修。

### （五）特殊环境型建筑材料

特殊环境型建筑材料是指能够适应特殊环境（海洋、江河、地下、沙漠、沼泽等）需要的建筑材料。这类建筑材料通常都具有超高的强度、抗腐蚀、耐久性能好等特点。我国开采海底石油、建设大坝等宏伟工程都需要这类建筑材料。如果能改善建筑材料的功能，延长建筑材料的寿命，那么自然也就改善了生态环境，节省了资源。一般来说，使用寿命增加1倍，等于生产同类产品的资源和能源节省了50%，对环境的污染也减少了50%。显然，特殊环境型建筑材料也是一种绿色建筑材料。

### （六）保健功能型建筑材料

保健功能型建筑材料是指具有保护和促进人类健康功能的建筑材料。这里的保健功能主要指消毒、防臭、灭菌、防霉、抗静电、防辐射、吸附二氧化碳等对人体有害的气体等的功能。传统建筑材料可能不危害人体健康就可以了，但这种建筑材料不仅不危害人体健康，还会促进人体健康。因此，它作为一种绿色建筑材料越来越受到人们的喜爱，常常被运用于室内装饰装修中。防静电地板就是这种类型的绿色建筑材料。当它接地或连接到任何较低电位点时，使电荷能够耗散，因而能防静电。这种地板主要用在计算机房、数据处理中心、实验室等房间中。

## 四、发展绿色建筑材料的现实意义

### （一）改善人类生存的大环境

现代社会，人们越来越关注人类生存的大环境，寻求良好的生态环境，保护好大自然，期望自己和后代能够很好地生活在共同的地球上。绿色建筑材料的发展，将非常有助于改善大环境，防止大环境的破坏。

### （二）保障居住小环境

我国传统的居住建筑是由木料、泥土、石块、石灰、黄沙、稻草、高粱秆等自然材料和黏土加工物砖、瓦组成的，它们与大自然能较好地协调，而且对人体健康是无害的。现代建筑采用大量的现代建筑材料，其中有许多是对人体健康有害的。因此有必要发展对人体健康无害或符合卫生标准的绿色建筑材料，来保障人们的居住小环境。

### （三）改善公共场所、公共设施对公众的健康

安全影响车站、码头、机场、学校、幼儿园、商店、办公楼、会议厅、饭店、娱乐场所等公共场所是大量人群聚集、流动的场所，这些建筑物中如果有损害公众健康安全的建筑材料，将会对人体造成损害。发展绿色建筑材料，能够大大保障人们的健康安全。

## 五、绿色建筑材料的发展趋势

近些年来，随着环境污染的加重，人们越来越意识到环境保护的重要性，因而世界各国都开始重视绿色建筑材料的发展。不少国家就建筑材料对室内空气的影响进行了全面、系统的基础研究工作，并制定了严格的法规。1992 年联合国召开了环境与发展大会，1994 年联合国又增设了可持续产品开发工作组。随后，国际标准化机构也开始讨论环境调和型制品的标准化，大大推动着国内外绿色建筑材料的发展。

在国外，很多国家对绿色建筑材料的发展走向有以下三个主流观点：一是删繁就简，即将节省开支当作可持续发展建筑的一项指标，因而在建筑工程中选择能够创造一种自然、质朴的生活和工作环境的建筑材料；二是贴近自然，即选用自然材料，提倡突出材料本身的自然特性，如木结构建筑；三是强调环保，即从有益于人体健康、有益于环境、减少环境负荷方面出发来生产建筑材料。

建材工业必须改变以浪费资源和牺牲环境为代价的发展方式，加快推行清洁生产，向提高质量、节能、节水、利废和环保的方向发展。发展绿色建筑材料的实质就是大力推进建材生产和建材产品的绿色化进程，它将推动传统建材行业的技术改造和产品的升级换代，促使建材行业施行清洁生产，推行建筑材料的循环再生制度及技术的发展，从而促进行业节能降耗和减少污染的技术措施的推广。同时产生一批全新的生态功能材料，形成一批新的产业和新的经济增长点，提高人民的居住水平和生活质量。建材产量的持续增长与生态环境的协调发展是中国建材工业必须解决的重大课题，而发展绿色建材是解决这些问题的有效途径。我国近年来通过一些国家层面的绿色建材项目，确定了绿色建材的定义和基本评价体系，并举办了"中国（北京）国际绿色建材展览会"和"中国绿色建材发展论坛"，有力地推动了中国绿色建材的发展。

我国加入 WTO 后，建材行业发展依靠资源、廉价劳动力的时代已逐渐成为历史，应用高新技术改造传统建筑材料成了建材行业新的发展特点。

从我国当前的绿色建筑材料来看，其表现出了以下几个发展趋势。

## （一）走向资源节约型

我国土地总面积居世界第三位，但由于人口基数大，土地资源十分紧张，人均土地面积不到世界人均值的 1/3，而建筑材料的生产是消耗土地资源最多的行业之一。建筑材料在生产和使用过程中，排放的大量的工业废渣、尾矿及垃圾，不仅浪费了大量的资源，而且导致了严重的环境污染，严重威胁着人类的生存。因此，加快发展资源节约型建筑材料就显得尤为重要和迫切，也是未来建筑材料的一个必然发展趋势。

资源节约型的绿色建筑材料一方面可以通过实施节省资源，尽量减少对现有能源、资源的使用来实现；另一方面也可采用原材料替代的方法来实现。原材料替代主要是指建筑材料生产原料充分使用各种工业废渣、工业固体废弃物、城市生活垃圾等代替原材料，通过技术措施使所得产品仍具有理想的使用功能，如在水泥、混凝土中掺入粉煤灰、尾矿渣，利用煤渣、煤矸石和粉煤灰为原料生产绿色墙体材料等，这样不仅减少了环境污染，而且变废为宝，节约了土地资源。

### （二）走向能源节约型

建筑是消耗能源的大户，建筑能耗与建筑材料的性能有密切的关系，因此，要解决建筑高能耗问题，就必须首先解决绿色建筑材料的能耗问题。所以，绿色建筑材料今后必然朝着节能的方向发展。

我国建材生产的平均单位能耗远高于世界先进水平，节能潜力很大。我国建筑物在使用过程中的能耗为建筑材料制造过程能耗的7~8倍，与发达国家相比，单位建筑面积能耗是其2~3倍，但我国人均能源资源占有量还不到世界人均水平的1/2。节能型绿色建筑材料不仅材料本身制造过程能耗低，而且在使用过程中有助于降低建筑物和设备的能耗。建材工业应努力生产低能耗的新型建筑材料，如混凝土空心砖、加气混凝土、石膏建筑制品、玻璃纤维增强水泥等。

此外，建筑行业在施工过程中还应注意用农业废弃物生产有机、无机人造板，用棉杆、麻秆、燕渣、芦菲、稻草、麦秸等作增强材料，用有机合成树脂作为胶黏剂生产隔墙板，用无机胶黏剂生产隔墙板。这些隔墙板的特点是原材料广泛、生产能耗低、表观密度小、导热系数低、保温性能好。用这些建筑材料建造房屋,一方面可以充分利用资源,消除废弃物对环境造成的污染,实现环境友好;另一方面,这些材料具有较好的保温隔热性能,可以降低房屋使用时的能耗,实现生态循环和可持续发展。

## (三)走向环境友好型

在传统的建筑材料生产中,生产 1 t 普通硅酸盐水泥,能排放大约 1 t 的 $CO_2$、0.74 kg 的 $SO_2$ 和 130 kg 的粉尘,环境污染相当严重。由于使用不合格的建筑材料而造成的室内环境污染,又影响了人体健康。因此,开发研制环境友好型绿色建筑材料必将成为一个重要趋势。

环境友好型的绿色建筑材料采用清洁新技术、新工艺进行生产,整个过程不使用有毒有害原料,没有废液、废渣和废气排放,废弃物可以被其他产业消化,使用时对人体和环境无毒无害,在材料寿命周期结束后可以被重复使用等。

## (四)走向功能复合型

当今绿色建筑材料的发展还有一个重要方向是多功能化。绿色建筑材料在使用过程中具有净化、治理修复环境的功能,在其使用过程中不形成一次污染,其本身易于回收和再生。这些绿色建筑材料产品具有抗菌、防菌、除臭、隔热、阻燃、防火、调温、消磁、防射线和抗静电等性能。使用这些产品可以使建筑物具有净化和治理环境的功能,或者对人类具有保健作用,如以某些重金属离子以硅酸盐等无机盐为载体的抗菌剂,添加到陶瓷釉料中,既能保持原来陶瓷制品功能,同时又增加了杀菌、抗菌功能,灭菌率可达到99%以上。这样的绿色建材可用于食堂、酒店、医院等建筑内装修,达到净化环境、防止疾病发生和传播作用;也可以在内墙涂料中添加各种功能性材料,增加建筑物内墙的功能性。

# 第二节 绿色建筑对建筑材料的要求

绿色建筑的内涵大多需通过建筑材料来体现。长期以来，建筑材料主要依据对其力学功能要求进行开发，结构材料主要要求高强度、高耐久性等；而装饰材料则要求装饰功能和造型美学性。21世纪的建筑材料要求在建筑材料的设计、制造工艺等方面，要从人类健康生存的长远利益出发，为实施绿色建筑的长远规划、开发和使用服务，要满足人类社会的可持续发展。所以，绿色建筑对建筑材料有一些基本的要求，主要表现在以下几个方面。

## 一、资源消耗方面的要求

在资源消耗方面，绿色建筑对建筑材料具有以下几个方面的要求。

（1）尽可能地少用不可再回收利用的建筑材料。

（2）尽可能地不使用或少使用不可再生资源生产的建筑材料。

（3）尽量选用耐久性好的建筑材料，以便延长建筑物的使用寿命。

（4）尽量选用可再生利用、可降解的建筑材料。

（5）多使用各种废弃物生产的建筑材料，降低建筑材料生产过程中天然和矿产资的消耗。

## 二、能源消耗方面的要求

在能源消耗方面，绿色建筑对建筑材料具有以下几个方面的要求。

（1）尽可能地使用可以减少建筑能耗的建筑材料。

（2）尽可能使用生产过程中能耗低的建筑材料。

（3）使用能充分利用绿色能源的建筑材料，降低建筑材料在生产过程中的能源消耗，保护生态环境。

## 三、室内环境质量方面的要求

在室内环境质量方面，绿色建筑对建筑材料具有以下几个方面的要求。

（1）选用的建筑材料能提供优质的空气质量、热舒适、照明、声学和美学特征的室内环境，使居住环境健康舒适。

（2）尽可能选用有益于室内环境的建筑材料，同时尽可能改善现有的市政基础设施。

（3）选用的建筑材料应具有很高的利用率，减少废料的产生。

## 四、环境影响方面的要求

在环境影响方面，绿色建筑对建筑材料具有以下几个方面的要求。

（1）选用的建筑材料在生产过程中具有较低的二氧化碳排放量，对环境的影响比较小。

（2）建筑材料在生产和使用中对大气污染的程度低。

（3）对于生态环境产生的负荷低，降低建筑材料对自然环境的污染，保护生态环境。

## 五、回收利用方面的要求

建筑是能源及材料消耗的重要组成部分，随着环境的日益恶化和资源日益减少，保持建筑材料的可持续发展，提高能耗、资源的综合利用率，已成为当今社会关注的课题。在人为拆除旧建筑或由于自然灾害造成建筑物损坏的过程中，会产生大量的废砖和混凝土废块、木材及金属废料等建筑废弃物，例如汶川大地震据估算将产生超过 $5 \times 10^8$ t 的建筑垃圾。

如果能将其大部分作为建筑材料使用，成为一种可循环的建筑资源，不仅能够保护环境，降低对环境的影响，而且还可以节省大量的建设资金和资源。目前，从再利用的工艺角度，旧建筑材料的再利用主要包括直接再利用与再生利用两种方式。其中，直接再利用是指在保持材料原型的基础上，通过简单的处理，即可将废旧材料直接用于建筑再利用的方式。

## 六、建筑材料本地化方面的要求

建筑材料本地化是减少运输过程的资源、能源消耗，降低环境污染的一种重要手段。在本地化方面，绿色建筑对建筑材料的要求主要是：鼓励使用当地生产的建筑材料，提高就地取材制成的建筑产品所占的比例。当然，国家标准《绿色建筑评价标准》（GB/T 50378—2019）中对建筑材料本地化也有专门的规定，应当符合其规定。

# 第三节 绿色建筑材料的选择与运用

发展绿色建筑已成为我国实现社会和经济可持续发展的重要一环，受到建筑工程界的极大关注，并开展了大量的研究和实践。发展绿色建筑涉及规划、设计、材料、施工等方方面面的工作，对建筑材料的选用是其中很重要的一个方面。选择与运用绿色建筑材料时，应当充分注意以下几个方面。

## 一、不损害人的身体健康

首先，建筑材料的有害物含量应比国家标准的限定值低。建筑材料的有害物释放是造成室内空气污染而损害人体健康的最主要原因。高分子有机合成材料释放的挥发性有机化合物（包括苯、甲苯、游离甲醛等），人造木板释放的游离甲醛，天然石材、陶瓷制品、工业废渣制成品和一些无机建筑材料的放射性污染，混凝土防冻剂中的氨，都是有害物，会严重危害人体健康。所以，要控制含有这类有害物的建筑材料进入市场。此外，对涉及供水系统的管材和管件有卫生指标的要求。选择绿色建筑材料时，一定要认真查验由法定检验机构出具的检验报告的真实性和有效期，批量较大时或有疑问时，应对进场材料送法定检验机构进行复检。

其次，要科学控制会释放有害气体的建筑材料。尽管室内采用的所有材料的有害物质含量都符合标准的要求，但如果用量过多，也会使室内空气品质不能达标。因为标准中所列的材料有害物质含量是指单位面积、单位重量或单位容积的材料试样的有害物质释放量或含量。这些材料释放到空气中的有害物质必然随着材料用量的增加而增多，不同品种材料的有害物质释放量也会累加。当材料用量多于某个数值时就会使室内空气中的有害物质含量超过国家标准的限值。由此可见，控制建筑材料有害气体的排放是绿色建筑材料选择的一个必要原则。

最后，为了不损害人体健康，还应选用有净化功能的建筑材料。当前一些单位研制了对空气有净化功能的建筑涂料，已上市的产品主要有利用纳米光催化材料（如纳米 $TiO_2$）制造的抗菌除臭涂料；负离子释放涂料；具有活性吸附功能、可分解有机物的涂料。将这些材料涂刷在空气被挥发性有害气体严重污染的空间内，可清除被污染的气体，起到净化空气的作用。不过，这种材料的价格较高，不能取代很多品种涂料的功能而且需要处置的时间。因此决不能因为有这种补救手段，就不去严格控制材料的有害物质含量。

## 二、符合国家的资源利用政策

在选择绿色建筑材料时，应注意国家的资源利用政策。

首先，要选用可循环利用的建筑材料。就当前来看，除了部分钢构件和木构件外，这类建筑材料还很少，但已有产品上市，如连锁式小型空心砌块，砌筑时不用或少用砂浆，主要是靠相互连锁形成墙体；当房屋空间改变需拆除隔墙时，不用砂浆砌筑的大量砌块完全可以重复使用。又如，外墙自锁式干挂装饰砌块，通过搭叠和自锁安装，完全不用砂浆，当需改变外装修立面时，能很容易地被完整地拆卸下来，重复使用。

其次，禁用或限用实心黏土砖，少用其他黏土制品。我国人均耕地少，为保证国家粮食安全的耕地后备资源严重不足。而我国实心黏土砖的年产量却非常高，用土数量大，占用了相当一部分的耕地。所以，实心黏土转的使用是造成耕地面积减少的一个重要原因。在当前实心黏土砖的价格低廉和对砌筑技术要求不高的优势仍有极大吸引力的情况下，用材单位一定要认真执行国家和地方政府的规定，不使用实心黏土砖。空心黏土制品也要占用土地资源，因此在土地资源不足的地方也应尽量少用，而且一定要用高档次高质量的空心黏土制品，以促进生产企业提高土地资源的利用效率。

再次，应尽量选择利废型建筑材料。这是实现废弃物"资源化"的最主要的途径，也是减少对不可再生资源需求的最有效的措施。利废型建筑材料主要指利用工农业、城市和自然废弃物生产的建筑材料，包括利用页岩、煤矸石、粉煤灰、矿渣、赤泥、河库游泥、秸秆等废弃物生产的各种墙体材料、市政材料、水泥、陶粒等，或在混凝土中直接掺用粉煤灰、矿渣等。绝大多数利废型建筑材料已有国家标准或行业标准，可以放心使用。但这些墙体材料与黏土砖的施工性能不一样，不可按老习惯操作。

使用单位必须做好操作人员的技术培训工作，掌握这些产品的施工技术要点，才能做出合格的工程。

最后，要拆除旧建筑物的废弃物，再生利用施工中产生的建筑垃圾。这是使废弃物"减量化"和"再利用"的一项技术措施。关于这一点，我国还处于起步阶段。以下是我国在这方面已经做出的一些成果：将结构施工的垃圾经分拣粉碎后与砂子混合作为细骨料配制砂浆。将回收的废砖块和废混凝土经分拣破碎后作为再生骨料用于生产非承重的墙体材料和小型市政或庭园材料。将经过优选的废混凝土块分拣、破碎、筛分和配合混匀形成多种规格的再生骨料后可配制 C30 以下的混凝土。用废热塑性塑料和木屑为原料生产塑木制品。

需要注意，对于此类材料的再生利用一定要有技术指导，要经过试验和检验，保证制成品的质量。

## 三、符合国家的节能政策

在选择绿色建筑材料时，应注意国家的节能政策。

首先，要选用对降低建筑物运行能耗和改善室内热环境有明显效果的建筑材料。我国建筑的能源消耗占全国能源消耗总量的 27%，因此降低建筑的能源消耗已是当务之急。为达到建筑能耗降低 50% 的目标，必须使用高效的保温隔热的房屋围护材料，包括外墙体材料，屋面材料和外门窗。使用这类围护材料会增加一定的成本，但据专家计算，只需通过 5~7 年就可以由节省的能源耗费收回。在选用节能型围护材料时，一定要与结构体系相配套，并重点关注其热工性能和耐久性能，以保证有长期的优良的保温隔热效果。

其次，要选用生产能耗低的建筑材料。这有利于节约能源和减少生产建筑材料时排放的废气对大气的污染。例如，烧结类的墙体材料比非烧结类的墙体材料的生产能耗高，如果能满足设计和施工要求就应尽可能地选用非烧结类的墙体材料。

## 四、符合国家的节水政策

我国水资源短缺，仅为世界人均值的1/4，有大量城市严重缺水，因此"节水"是我国社会主义建设中的重要任务。我国也不断地在提倡建设节约型社会。房屋建筑的节水是其中的一项重要措施，而搞好与房屋建筑用水相关的建筑材料的选用是极重要的一环。在选择时，一定要注意符合国家的节水政策。

首先，要选用品质好的水系统产品，包括管材、管件、阀门及相关设备，保证管道不发生渗漏和破裂。

其次，要选用易清洁或有自洁功能的用水器具，以减少器具表面的结污现象和节约清洁用水量。

再次，要选用节水型的用水器具，如节水龙头、节水坐便器等。

最后，在小区内尽量使用渗水路面砖来修建硬路面，以充分将雨水留在区内土壤中，减少绿化用水。

## 五、选用耐久性好的建筑材料

耐久性是材料抵抗自身和自然环境双重因素长期破坏作用的能力。它是一种复杂的、综合的性质，包括抗冻性、抗渗性、抗风化性、耐化学腐蚀性、耐老化性、耐热性、耐光性、耐磨性等。材料的耐久性越好，使用寿命越长。建筑材料的耐久性能是否优良往往关乎工程质量，同时也关乎建筑的使用寿命。使用耐久性优良的建筑材料，不仅能够节约建筑物的材料用量，还能够保证建筑物的使用功能维持较长的时间。建筑物的使用期限延长了，房屋全生命周期内的维修次数就减少了，维修次数减少又能减少社会对材料的需求量，减少废旧拆除物的数量，从而也就能够减轻对环境的污染。由此可见，选择绿色建筑材料时一定要注意其耐久性。

## 六、选用高品质的建筑材料

建筑材料的品质越高，其节能性、环保性、耐久性等也往往越高。因此，选择绿色建筑材料时，必须要达到国家或行业产品标准的要求，有条件的要尽量选用高品质的建筑材料，如选用高性能钢材、高性能混凝土、高品质的墙体材料和防水材料等。

## 七、选用配套技术齐全的建筑材料

建筑材料是要用在建筑物上的，要使建筑物的性能或观感达到设计要求。很多建筑材料的性能是很好，但用到建筑物上却不能获得满意的效果。这主要是因为没有成熟的配套技术。配套技术主要包括与主材料配套的各种辅料与配件、施工技术（包括清洁施工）和维护维修技术。鉴于此，在选用绿色建筑材料时，不能只考虑材料的材性，还应考虑使用这种材料是否有成熟的配套技术，以保证建筑材料在建筑物上使用后，能充分发挥其各项优异性能，使建筑物的相关性能达到预期的设计要求。

## 八、材料本地化

材料本地化就是指优先选用建筑工程所在地的材料。这种做法不能仅仅是为了省运输费，更重要的是可以节省长距离运输材料而消耗的能源。所以，坚持材料本地化的原则实际上有力地支持了节能和环保事业。

## 九、价格合理

一般情况下，建筑材料的价格与建筑材料的品质是成正比的，价格高的材料品质也相对要高。有些业主非常喜欢使劲压低建筑材料的价格，然而价格过低容易使很多厂家不敢生产过多高品质建筑材料，于是市场就出现了很多低质量产品，实际上最终受损失的还是业主或用户。有些材料的品质在短期内是不会反映的，如低质的塑料管材的使用年限少，在维修时的更换率就高，最后所花费的钱并不少，低质上水管的卫生指标还可能不达标。再如，塑料窗的密封条应采用橡胶制品。如果价格压得过低，就可能采用塑料制品，窗户的密封性能可能在较短的时间内就变差，窗户的五金件质量差可能在两三年后就会损坏，这将严重影响正常使用和节能效果。

# 第四节　传统建筑材料的绿色化和新型绿色化建筑材料

## 一、传统建筑材料的绿色化

传统建筑材料主要追求材料的使用性能；而绿色建筑材料追求的不仅是良好的使用性能，而且从材料的制造、使用、废弃直至再生利用的整个寿命周期中，必须具备与生态环境的协调共存性，对资源、能源消耗少，生态环境影响小，再生资源利用率高，或可降解使用。从各方面来看，绿色建筑材料的发展就是必然趋势。那么，对于传统建筑材料来说，要想获得自身的可持续发展，就应当走绿色化道路。

在建筑工程中，通常使用的建筑材料有水泥、混凝土及其制品、木材、钢材、铝材、高分子聚合材料、各种玻璃、建筑卫生陶瓷等，以下对这些建筑材料的绿色化进行分析。

## （一）水泥的绿色化

传统水泥从石灰石开采，经窑烧制成熟料，再加入石膏研磨成水泥。整个生产过程会耗用大量的煤与电源，还会排放大量二氧化碳，对环境的污染很大。所以，促进传统水泥的绿色化是极其必要的。

为了水泥建材的绿色化，我国发展以新型干法窑为主体的具有自主知识产权的现代水泥生产技术，大量节约了资源，减少了二氧化碳的排放量，采用高效除尘技术、烟气脱硫技术等，基本解决了粉尘、二氧化碳和氧化氮气体的排放及噪声污染问题绿色水泥应具有高强度、优异耐久性和低环境负荷三大特征。因此，在水泥的绿色化过程中，应改变水泥品种，降低单方混凝土中的水泥用量，减少水泥建材工业带来的温室气体排放和粉尘污染，降低其水化热，减少收缩开裂的趋势。

## （二）混凝土的绿色化

传统混凝土强度不足，使得建筑构件断面积增大，构造物自重增加，减少了室内可用空间；且其用水量及水泥量较高，容易产生缩水、析离现象，具有容易潜变、龟裂等特点，使钢筋混凝土建筑变成严重浪费地球资源与破坏环境的构造。因此，使传统混凝土绿色化，开发高性能混凝土有着重要意义。

当前，人们主要通过使用无毒、无污染的绿色混凝土外加剂来改善混凝土。HPC就是在常规混凝土基础上采用现代技术形成的高性能混凝土。它除了采用优质水泥、水和骨料之外，还采用掺足矿物细掺料低水胶比和高效外加剂，可避免干缩龟裂问题，可节约10%左右的用钢量与30%左右的混凝土用量，可增加1.0%~1.5%的建筑使用面积，具有更高的综合经济效益。显然，推广使用 HPC，注重混凝土的工作性，可节省人力，减少振捣，降低环境噪声；还可大幅度提高建筑建材施工效率，减少堆料场地，减少材料浪费，减少灰尘，减少环境污染。

### （三）木材的绿色化

木材是人类社会最早使用的建筑材料，也是直到现在一直被广泛使用的优秀建筑材料。它是一种优良的生态原料，但在其制造、加工过程中，由于使用其他胶黏剂而破坏了产品原有的绿色生态性能。所以，目前需要促进木材的绿色化。

木材在绿色化生产过程中，对每一道工序都严格按照环境保护要求，不仅从污染角度加以考虑，同时从产品的实用性、生态性、绿色度等方面进行调整。木材的生产工艺可归结为原料的软化和干燥、半成品加工和储存、施胶、成型和预压、热压、后期加工、深度加工等。木材的绿色化生产的关键就是进行木材的生态适应性判断。木材生产的能耗要低，生产过程要无污染，原材料要可再资源化，木材使用后或解体后可再利用，原材料要能够持续生产，环境负荷要小，废料的最终处理不污染环境，对人的健康无危害。

### （四）建筑用金属材料的绿色化

建筑用金属材料一般是指建筑工程中所应用的各种钢材（如各种型钢、钢板、钢筋、钢管和钢丝等）和铝材（如铝合金型材、板材和饰材等）。据相关调查统计可知，我国钢铁工业能源消耗非常大。所以，促进建筑钢材的绿色化对于减少钢铁工业能源消耗有着重要的贡献。

建筑钢材的绿色化，除建材钢铁工业的"三废"治理、综合利用和资源本土化以外，还必须改善生产工艺，采用熔融还原炼铁工艺，使用非焦煤直接炼铁，大大缩短工艺流程，投资省、成本低、污染少，铁水质量能与高炉铁水相媲美，能够利用过程产生的煤气在竖炉中生产海绵铁，替代优质废钢供电炉炼钢。钢铁工业向大型化、高效化和连续化生产方向发展。以后通过提高炼铸比，向上游带动铁水预处理、炉外精炼和优化炼钢技术，向下游带动各类轧机的优化，实现连铸热装热送、直接轧制和控制轧制等，最终实现钢材的绿色化生产。

我国的铝土矿资源丰富，但氧化铝的含量也很高，所以建筑铝材也需要绿色化。在建筑铝材的绿色化过程中，应采用高温熔出，用流程复杂的联合法处理，增加氧化铝生产的投资和能耗。

当前，建筑金属材料的绿色化技术主要强调在保持金属材料的加工性能和使用性能基本不变或有所提高的前提下，尽量使金属材料的加工过程消耗较低的资源和能源，排放较少的"三废"，并且在废弃之后易于分解、回收和再生。此外，要开发金属材料的绿色化新工艺，如熔融还原炼铁技术、连续铸造技术、冶金短流程工艺、炉外精炼技术和高炉富氧喷煤技术。

## （五）化学建材的绿色化

化学建材是指以合成高分子材料为主要成分，配有各种改性成分，经加工制成的用于建设工程的各类材料，如塑料管道、塑料门窗、建筑防水涂料、建筑涂料、建筑壁纸、塑料地板、塑料装饰板、泡沫保温材料和建筑胶黏剂等。

其中，由于本身导热性差和多腔室结构，塑料门窗型材具有显著的节能效果。它在生产环节、使用环节不但可以节约大量的木、钢、铝等材料和生产能耗，还可以降低建筑物在使用过程中的能量消耗。因此，大力发展多腔室断面设计，降低型材壁厚，增加内部增强筋与腔室数量，不仅能提高其保温、隔热、隔声效果，还具有很好的绿色化效果。

传统的建筑涂料大多是有机溶剂型涂料，在使用过程中会释放出有机溶剂。而室内长期存在大量的可挥发性的有机物，除对人体有刺激外，还会影响到人的视觉、听觉和记忆力，使人感到乏力和头疼。所以，开发非有机溶剂型涂料等绿色化学建材（如水性涂料、辐射固化涂料、杀虫涂料等）就显得非常重要。当前，人们对涂料的研究和发展方向越来越明确，就是寻求VOC（挥发性有机化合物）不断降低直至为零的涂料，而且其使用范围要尽可能宽、使用性能优越、设备投资适当等。因此，水基涂料、粉末涂料、无溶剂涂料等越来越被人们提倡。

### （六）建筑玻璃的绿色化

玻璃工业也是一个高能耗、污染大、环境负荷高的产业。随着现代建筑设计理念的人性化、亲近自然，以及世界各国对能源危机的优惠意识的增强，对建筑节能的重视程度也越来越高，对玻璃的要求也逐步向功能性、通透性转变。

建筑玻璃的绿色化包括生产的绿色化和使用的绿色化。首先，要注意节能，门洞窗口是节能的薄弱环节，玻璃节能性能反映了绿色化程度。其次，要提高玻璃窑炉的熔化规模，其燃烧方式有氧气喷吹、氧气浓缩、氧气增压等先进燃烧工艺，这比传统方式提高了生产清洁度，降低能耗，减少污染物排放和延长熔炉寿命。最后，要注意高度的安全性，要防止化学污染和物理污染。

### （七）建筑卫生陶瓷的绿色化

建筑卫生陶瓷产品具有洁净卫生、耐湿、耐水、耐用、价廉物美、易得等诸多优点，其优异的使用功能和艺术装饰功能美化了人们的生活环境，满足了人们的物质生活和精神生活的双重需要，但陶瓷的生产又以资源的消耗、环境受到一定污染与破坏为代价。因此，建筑卫生陶瓷绿色化是一项亟待解决的问题。建筑卫生陶瓷的绿色化贯穿产品的生产和消费全过程，包括产品的绿色化和生产过程的绿色化。

（1）建筑卫生陶瓷产品绿色化的重点包括：推广使用节水、低放射性、使用寿命长的高性能产品；推广使用超薄及具有抗菌、易洁、调湿、透水、空气净化、蓄光发光、抗静电等新功能产品；推广使用安全、铺贴牢固、减少铺贴辅助耗材、实现清洁施工的产品等。

（2）建筑卫生陶瓷生产过程的绿色化的重点包括：推行清洁生产与管理，陶瓷废次品、废料的回收、分类处理与综合利用，洁净燃料的使用与废气治理，废水的净化和循环利用，粉尘噪声的控制与治理；促进陶瓷矿产资源的合理开发和综合利用，保护优质矿产资源、开发利用红土类等铁钛含量高的低质原料及各种工业尾矿、废渣；淘汰落后，开发推广节能、节水、节约原料、高效生产技术及设备等。

总的来说，建筑陶瓷绿色化要求树立陶瓷"经济—资源—环境"价值协同观，在发展中持续改进、提高、优化。同时还需要注意，建筑卫生陶瓷绿色化不应仅是概念的炒作或是产品的标签，而是实实在在努力追求的目标。

## 二、新型绿色化建筑材料

近年来，由于一些传统建材工业，如水泥业、黏土砖瓦业等大量消耗能源，污染环境，而且产品性能上逐渐不能满足现代建筑业的要求，非常不利于社会的可持续发展。因此，发展新型绿色化建筑材料成了建筑行业的一个主导方向。新型绿色化建筑材料主要是用新的工艺技术生产的具有节能、节土、利废、保护环境特点和改善建筑功能的建筑材料。当前，已经出现并逐渐拓宽使用范围的新型绿色化建筑材料有很多，以下对其中一些进行简要阐述。

### （一）透明的绝缘材料

传统的绝缘材料是迟钝和多孔渗水的，而且可以划分为含纤维的、细胞的、粒状的和反射型的。这些绝缘材料的热性能是根据导热系数来说明的。惰性气体是一种很好的绝缘材料，它的导热系数 $A$ 为 0.026 W/(m·K)。远古的人就是利用气体的这种绝缘特性在外衣内加一层毛皮来抵御严冬的。一些普遍的绝热材料如玻璃纤维、水合硅酸铝、渣绒和硅酸钙都有很低的导热系数。

透明的绝缘材料表现出在气体间隙中一种全新的绝热种类，它们被用来减少热能损失，这些材料是由浸泡在空气层中明显的细胞排列组成的。透明的绝热材料对太阳光是透射的，但它能够提供很好的绝热性，使建筑物室外热能系统得到更多的太阳光应用，被用作建筑物的透明覆盖系统。透明绝缘材料的基本物理原理是利用吸收的太阳辐射波长和放出不同波长的红外线。高太阳光传送率和低热量损失系数是描述透明绝缘材料的两个参数。高光学投射比可以通过透明建筑材料，如低钢玻璃、聚碳酸酯板或光亮的凝胶体来实现。低热辐射损失可以通过涂上一层低反射率的漆来实现，低导热系数可以通过薄壁蜂房形建筑材料的使用来实现。低对流损失可以通过使用细胞形蜂窝构造避免气体成分的整体运动来抑制对流。这些特性联合起来使各种各样的透明绝缘材料得以实现，这些材料的导热系数很低，而阳光传送率则很高。

## （二）相变材料

相变材料是指随温度变化而改变物质状态并能提供潜热的物质。由于水拥有高储存容量和优良的传热特性，因此在低温应用中水被视为最好的热量储存材料。碎石或砂砾同样适合某些应用，它的热容大约是水的 1/5，因此储存相同数量的热能需要的存储器将是储水的 5 倍。对于高温热储存，铁是一种合适的材料。在潜热储存阶段，由于吸收或者释放热能材料的温度保持不变，这个温度等于熔化或者汽化的温度，这称为材料的相变。建筑中供暖应用最合适的一种材料是十水合硫酸钠，它在 32 ℃ 的时候发生相变情况。

相变材料的突出优点是轻质的建筑物可以增加热量。这些建筑由于它们的低热量，可以发生高温的波动，这将导致高供暖负荷和制冷负荷。在这样的建筑中使用相变材料可以消除温度的起伏变化，而且可以降低建筑的空调负荷。

热化储存也是一种为人所知的储存。在吸热化学反应过程中，热量被吸收而产物被储存。按照要求在放热反应过程中，产物释放出热量。化学热泵储存要与吸收循环的太阳热泵结合在一起。利用这种方法，在白天使用太阳能将制冷剂从蒸发器中的溶液蒸发出来，然后存储在冷凝器中。当建筑中需要热量的时候，储存的制冷剂在溶入溶液之前在室外的空气盘管中蒸发，从而释放存储的能量。

### （三）玻晶砖

玻晶砖是一种既非石材也非陶瓷砖的新型绿色建材。它是以碎玻璃为主，掺入少量黏土等原料，经粉碎、成型、晶化、退火而成的一种新型环保节能材料。玻晶砖除可制作结晶黏土砖外，也可制作出天然石材或玉石的效果，有多种颜色和不同规格形态，通过不同颜色的产品搭配，能拼出各种各样富于创意空间的花色图案，美观大方。可用于各种建筑物的内、外墙或地面装修。表面如花岗岩或大理石一般光滑的玻晶系列产品可显示出豪华的装饰效果。采用彩色的玻晶砖装修内墙和地面，其高雅程度可与高级昂贵的大理石或花岗岩相媲美。而且，这种产品还具有优良的防滑性能以及较高的抗弯强度、耐蚀性、隔热性和抗冻性，是一种完全符合"减量化、再利用、资源化"三原则的新型环保节能材料。

### （四）硅纤陶板

硅纤陶板又称纤瓷板，是近年来开发的新型人造建筑材料。与天然石材相比，这种材料具有强度高、化学稳定性好、色彩可选择、无色差、不含任何放射性材料等优点。它的表面光洁晶亮，既有玻璃的光泽又有花岗岩的华丽质感，可广泛用于办公楼、商业大厦、机场、地铁站、购物娱乐中心等大型高级建筑的内外装饰，是现代建筑外、内墙装饰中可供选择的较为理想的绿色建筑材料。

硅纤陶板采用陶瓷黏土为主要原料，添加硅纤维及特殊熔剂等辅料，经辊道窑二次烧制而成。成品的坯体呈现白色，属于陶瓷制品中的白坯系列，较普通瓷砖的红坯系列，不仅密实度较高且杂质含量少。硅纤陶板的原料陶瓷黏土是一种含水铝硅酸盐的矿物，由长石类岩石经过长期风化与地质作用生成。它是多种微细矿物的混合体，主要化学组成为二氧化硅、三氧化二铝和结晶水，同时含有少量碱金属、碱土金属氧化物和着色氧化物。它具有独特的可塑性和结合性，加水膨润后可捏成泥团，塑造成所需要的形状，再经过焙烧后，变得坚硬致密。这种性能构成了陶瓷制作的工艺基础，使硅纤陶板的生产成为可能。

硅纤陶板作为一种绿色建筑材料是比较容易推广的，因为其价格相对较低，生产也不怎么受地域的限制。所以，在提倡节约能源的今天，应该提倡使用硅纤陶板。它能降低近40%的能源消耗，并减少金属材料的使用。同时，由于硅纤陶板薄，传热快而均匀，烧成温度和烧成周期大大缩短，烧制过程中的有害气体排放量可减少20%~30%，对环境保护有着重要的贡献。

# 参考文献

[1] 伍卫东，唐文坚，兰道银. 建设工程实用绿色建筑材料 [M]. 北京：中国环境科学出版社，2013.

[2] 郭啸晨. 绿色建筑装饰材料的选取与应用 [M]. 武汉：华中科技大学出版社，2020.

[3] 何廷树，李国新，史琛. 建筑材料 [M]. 北京：中国建材工业出版社，2018.

[4] 蒋楠，王建国. 近现代建筑遗产保护与再利用综合评价 [M]. 南京：东南大学出版社，2016.

[5] 刘新红，贾晓林. 建筑装饰材料与绿色装修 [M]. 郑州：河南科学技术出版社，2014.

[6] 彭红，周强. 建筑材料 [M]. 重庆：重庆大学出版社，2018.

[7] 冉旭. 建筑环境视觉空间设计 [M]. 长春：吉林人民出版社，2017.

[8] 沈春林. 建筑防水工程常用材料 [M]. 北京：中国建材工业出版社，2019.

[9] 谭平，张瑞红，孙青霭. 建筑材料 [M].3 版. 北京：北京理工大学出版社，2019.

[10] 汪振双. 建筑材料绿色度评价 [M]. 大连：东北财经大学出版社，2020.

[11] 王炜，韩金斌，王新军. 建筑工程材料 [M]. 北京：国防工业出版社，2021.

[12] 王峡. 建筑装饰材料与构造 [M]. 天津：天津科学技术出版社，2021.

[13] 王小飞. 绿色生态在室内设计中的应用分析 [M]. 成都：电子科技大学出版社，2019.

[14] 王欣，陈梅梅. 建筑材料 [M].3 版. 北京：北京理工大学出版社，2019.

[15] 李样生. 新型建筑材料 [M]. 西安：西安交通大学出版社，2017.

[16] 吴蓁，陈锟. 建筑工程材料制备工艺 [M]. 上海：同济大学出版社，2021.

[17] 武新杰，李虎. 建筑施工技术 [M]. 重庆：重庆大学出版社，2016.

[18] 夏文杰，孙炜，余晖. 建筑与装饰材料 [M].3 版. 北京：北京理工大学出版社，2019.

[19] 夏正兵，邱鹏. 建筑工程材料与检测 [M]. 南京：东南大学出版社，2020.

[20] 徐友辉，李晓楼. 建筑材料 [M].2 版. 北京：北京理工大学出版社，2018.

[21] 杨丛慧，张艳平，孙建军. 建筑材料检测技术 [M]. 银川：阳光出版社，2018.

[22] 杨文领，潘统欣. 建筑工程绿色监理 [M]. 杭州：浙江大学出版社，2017.

[23] 苑芳友. 建筑材料与检测技术 [M].3 版. 北京：北京理工大学出版社，2020.

[24] 张兰芳，李京军，王萧萧. 建筑材料 [M]. 北京：中国建材工业出版社，2021.

[25] 张宿峰，姜封国，张照方.建筑材料 [M].成都：电子科技大学出版社，2017.

[26] 张永平，张朝春.建筑与装饰施工工艺 [M].北京：北京理工大学出版社，2018.

[27] 赵再琴,李建华,赵红.建筑材料 [M].北京:北京理工大学出版社，2020.